配管設計・施工ポケットブック

新装版

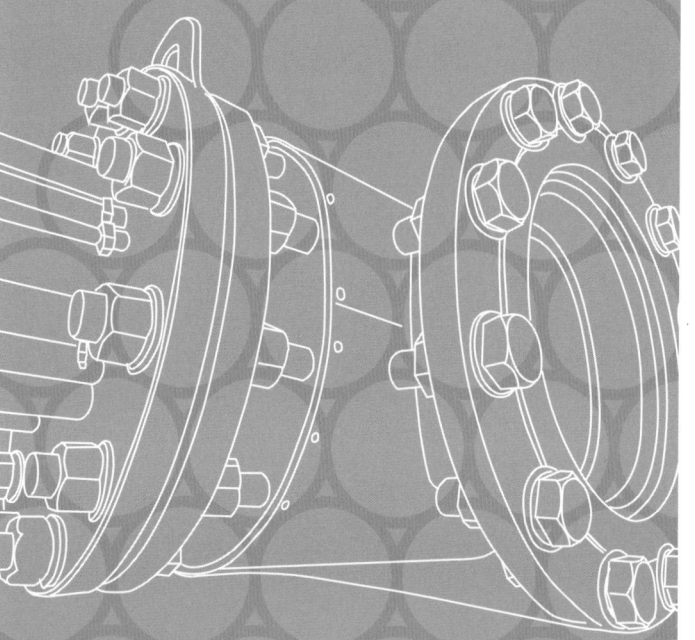

竹下逸夫　共著
大野光之

森北出版株式会社

● 本書の補足情報・正誤表を公開する場合があります．当社 Web サイト（下記）で本書を検索し，書籍ページをご確認ください．

https://www.morikita.co.jp/

● 本書の内容に関するご質問は下記のメールアドレスまでお願いします．なお，電話でのご質問には応じかねますので，あらかじめご了承ください．

editor@morikita.co.jp

● 本書により得られた情報の使用から生じるいかなる損害についても，当社および本書の著者は責任を負わないものとします．

JCOPY 〈(一社)出版者著作権管理機構 委託出版物〉
本書の無断複製は，著作権法上での例外を除き禁じられています．複製される場合は，そのつど事前に上記機構（電話 03-5244-5088，FAX 03-5244-5089，e-mail: info@jcopy.or.jp）の許諾を得てください．

まえがき

　配管は流体輸送の一要素で，上下水道や都市ガス配管，建築関係の設備配管あるいは化学装置のプラント配管や原子力配管，船用配管など，非常に幅広い分野で使用されている。最近は，石油化学を中心とした化学装置が一般に自動化され，大型化，複雑化しているために，これに対応する配管の設計と施工技術もますます高級化し，重要性が一段と高まっている。

　この配管技術は，流体の性状，輸送経路，連絡する機器の運転性と，最近特に重要になったメンテナンス，さらには周囲の環境と立地条件などに直接関係している。配管の設計，施工では，機器はもちろん電気，計装，土建などの各建設部門とも緊密な連携を保ち，経済性も考慮するなど非常に奥行きの深い内容をもっている。配管のCADでもこうした技術内容をよく理解したうえで操作することになる。

　ここでは，一般のプラント配管に関する設計，施工の基本的技術について，JIS, JPIなどの配管規格とJIS B 8270〜8285圧力容器（基盤と共通技術規格）などに基づき，数値の単位にはSIを使い，配管の技術者はもちろん初心者にも分かるように説明した。ただし，原子力配管，船用配管は規格も異なるので省略した。

　第1章の配管の設計では，製造工程と機器配置からの設計条件で定まる，種類とか数量の多い複雑な配管について，確実に設計するための手法を作業手順に従って説明した。管の種類や呼び径などの設計資料は，プラント配管で一般に使用される範囲内を取上げ，記号とか計算式なども使用頻度の少ないものは削除した。また技術的説明では設計に必要な基本的事項を取上げ，一部には計算例を入れて理解を容易にした。配管部品の寸法表では，管，管継手，管フランジ，弁のJIS, JPI, ANSI規格のなかで一般に使われる部品のみを選び，設計，製図の作業を容易にするため，呼び径別のシートにして表示した。したがって，1枚のシートでその呼び径の配管図が作図できる。

　第2章の配管の施工では，配管図に基づく製作作業の内容を，

工場製作と現場工事に分けて説明した。

配管施工は，配管と溶接の各作業員による手動作業で，各作業員は長年の経験と研究に基づく独自のノウハウをもって施工しているが，ここでは各作業員の基本的作業を図表を交えて，わかりやすく説明した。

本書は雑誌の「化学装置」に発表した内容を基にして，大野が起稿し，プラント配管の設計，施工に長年の実績をもつ竹下が閲読訂正した。

また本書の出版にあたっては，工業調査出版部の伊海政博部長，ならびに「化学装置」一色和明編集長の両氏にお世話になった。心からお礼を申し上げる。

1995 年 6 月

竹下逸夫
大野光之

改訂新版にさいして

本書の初版が発行されて，はや 14 年が経過した。その間，読者からはありがたいご叱責をいただくことができた。また，規格類に関してもさまざまな改定が行なわれてきた。そこで今回，配管入門書としての内容をよりいっそう充実させるために，一部の改訂，追記を行なうとともに規格類を最近の数値に書き改めた。

なお，この改訂では，元上司，竹下氏の閲読，訂正を得られないのが心残りである。

2009 年 8 月

大野光之

本書は，2009 年に工業調査会から出版された同名書籍を森北出版から新装版として再出版したものです。

目　次

まえがき ……………………………………………………………… 1

[I] 配管の設計

1. 製造工程図 (Process Flow Sheet) ……………………… 8
2. 機器配置図 (Plot Plan) …………………………………… 8
3. 作業系統図 (Piping & Instrument Diagram : P & I) …… 8
4. 配管設計基準書 (Pipe Line Index) ……………………… 9
5. 配管材料仕様書 (Piping Material Specification) ……… 27
6. 配管径路の計画 (Piping Layout) ………………………… 39
7. 流動圧力損失 ………………………………………………… 41
   7-1 エネルギー収支式 ……………………………………… 42
   7-2 温水輸送の計算例 ……………………………………… 44
   7-3 オリフィス流量計 ……………………………………… 49
   7-4 流量調節弁の大きさ …………………………………… 51
8. 配管の支持 …………………………………………………… 52
   8-1 支持点 …………………………………………………… 52
   8-2 支持力 …………………………………………………… 53
   8-3 支持装置 ………………………………………………… 62
9. 配管の熱応力 ………………………………………………… 64
   9-1 ベローズ形伸縮管継手 ………………………………… 65
   9-2 U字形伸縮管継手 ……………………………………… 67
   9-3 熱応力の判定式 ………………………………………… 71
10. 配管の振動 ………………………………………………… 74
    10-1 流体の振動 …………………………………………… 74
    10-2 機械的振動 …………………………………………… 76
    10-3 管の固有振動数 f …………………………………… 76
    10-4 管内流体の固有振動数 ……………………………… 79
11. 配管図 ……………………………………………………… 80
    11-1 平面図と立面図 (Plan & Elevation) ……………… 80
    11-2 平面図と立体図 (Plan & Isometric) ……………… 80
    11-3 部分配管図 (Spool) ………………………………… 80

11-4	支持装置図	80
11-5	材料表	81
11-6	配管図記号	81
11-7	溶接記号	81
11-8	配管図の点検	81
12.	配管部品の寸法表	88

[Ⅱ] 配管の施工

1.	配管図と仕様書	146
2.	工事計画	147
3.	工場製作	151
4.	材料の受入れ	151
5.	管の切断と管端加工	152
6.	穴明け加工	156
7.	組立て・固定	158
8.	工場溶接	169
8-1	溶接準備と溶接資格	169
8-2	被覆アーク溶接法(Shield Metal Arc Welding:SMAW)	171
8-3	半自動アーク溶接法	172
8-4	ティグ溶接法(Gas Tungsten Arc Welding:GTAW)	172
8-5	アーク溶接機の取扱い	173
8-6	溶接材料	174
8-7	熱管理	176
8-8	溶接施工	177
8-9	溶接欠陥	182
9.	非破壊検査	182
9-1	溶接前の検査項目	182
9-2	溶接中の検査項目	182
9-3	溶接後の検査項目	182
9-4	プレハブ管の寸法検査	187
10.	梱包輸送	187
11.	現場工事	187
12.	作業場,倉庫,事務所,控室の仮設	188
13.	材料受入れ	188
14.	地上組立て	188

15.	現場取付け	190
16.	ラインチェック	193
17.	耐圧気密試験	194
18.	フラッシング	195
19.	昇温昇圧試験	196
20.	塗装断熱工事	198
21.	総合試運転	199
22.	配管工事費の積算	199

付　録

1.	国際単位系 SI (Le Système International d'Unités)	202
2.	飽和水蒸気表（温度基準）	205
3.	水の物性値 (1 atm)	206
4.	空気の物性値 (1 atm)	207
5.	耐食材料	208

[I] 配管の設計

製造工程図と機器配置図に基づいて，配管材料を選定し配管経路を計画して，施工用の配管図を作成する作業である。プラント配管は複雑で，材料の種類と数量が多いから，思想を統一して確実な設計を行うために，図1の手順で作業を進めている。

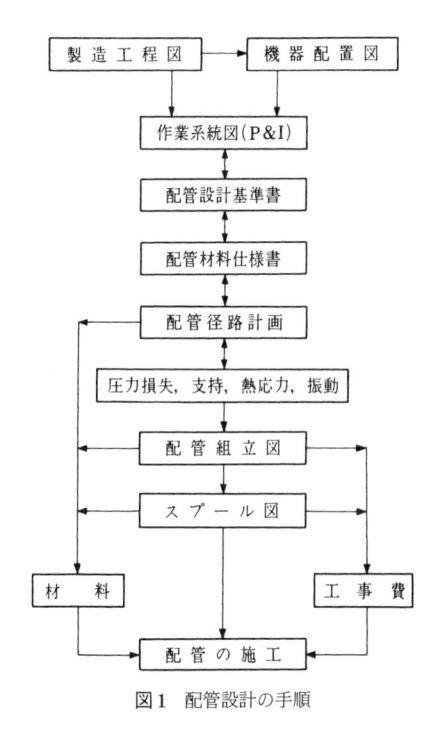

図1 配管設計の手順

8　[I]　配管の設計

1. 製造工程図 (Process Flow Sheet)

　原料から製品までの主要機器と物の流れならびに操作条件を表わした工程図で，この図から各配管の設計条件になる輸送流体の名称，組成，腐食性や使用温度，圧力ならびに流量などの数値が与えられ，さらにはプロセス全体の内容と配管の役割が良く理解できる（図2）。

2. 機器配置図 (Plot Plan)

　製造工程図と機器，建物，基礎の詳細図に従い，環境立地条件や法規ならびに使用者の要望に基づいて，物の流れ順に機器を並べ，運転と保守の作業に必要な空間を設け，さらには合理的な配管経路も想定し，経済的で調和のある内容とした平面図である。この図から配管経路の大筋が定まる（図3）。

3. 作業系統図 (Piping & Instrument Diagram : P & I)

　製造工程図と機器配置図に基づいて，プロセスの始動，正常運転，緊急停止に必要な配管と計装のすべてを表わした作業系統図

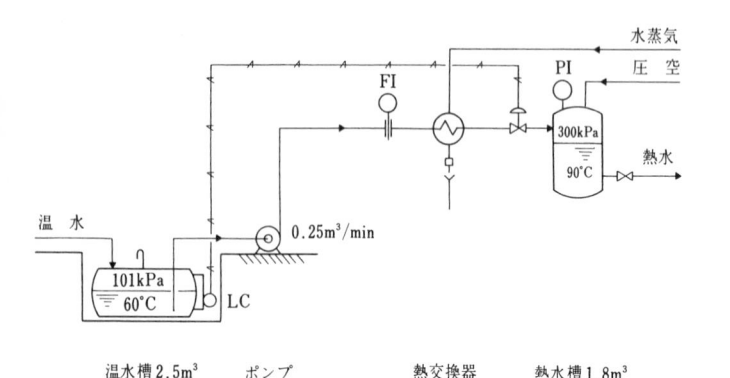

図2　製造工程図（熱水）

で，機器は物の流れ順に略図で表わし，名称と番号，主要寸法などを記入し，据付位置の主要な高さを数値で表示する。配管は流体の流れと方向を実線と矢印で表わし，流体の種類と状態を分かりやすく文字とか数字で表わした流体記号と，流体の流れ順に本管から枝管へ配管番号を定め，実線の側に管の呼び径，流体記号，配管番号ならびに仕様記号，保温保冷厚さをラインナンバー(Line No.)として記入する。このうちの管の呼び径，仕様記号と保温保冷厚さはつぎの配管設計基準書で定めた内容を記入する。計装は計器，制御器の名称記号，番号を取付け位置に表わす。

　作図に使う記号は配管図と同一である。記入する内容が多いので，一般にはプロセスとユーティリティに分けて表わしている(図4)。

4. 配管設計基準書（Pipe Line Index）

　製造工程図とP＆Iから，**表1**のごとく，設計に必要となる条件をLine No.ごとに整理して表わす。この表で，装置番号は工場内の装置ごとに定める番号である。Line No.の流体記号と配管番号

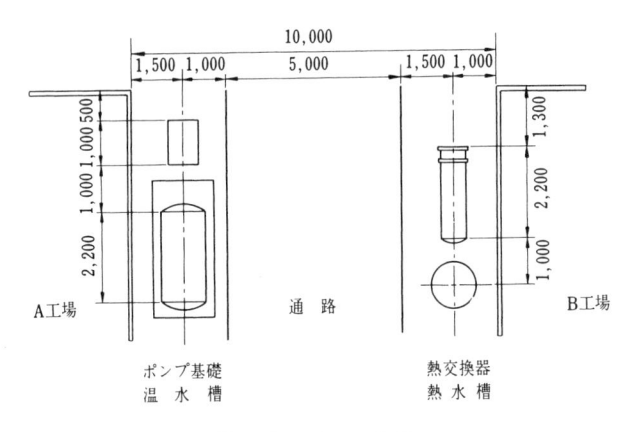

図3　機器配置図（熱水）

10 [I] 配管の設計

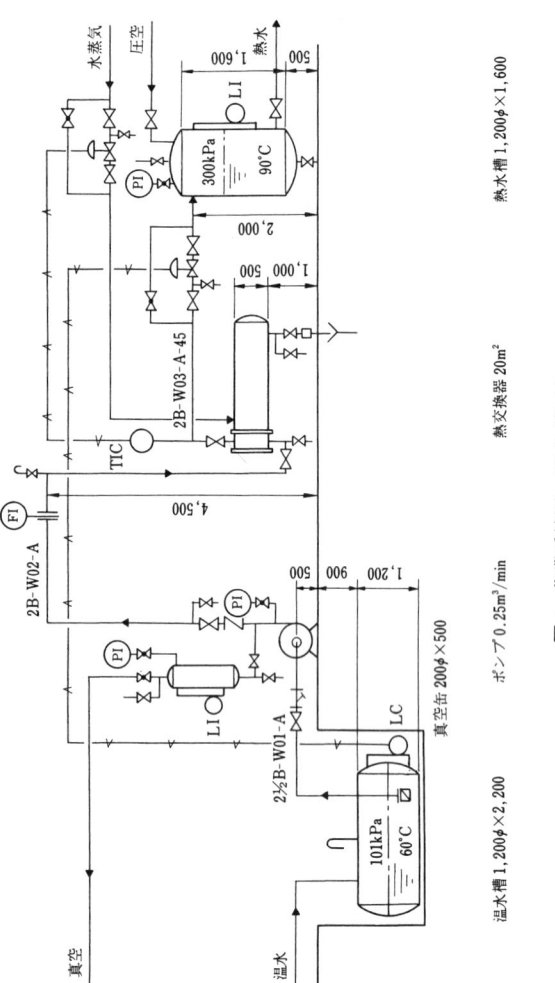

図4 作業系統図・P&I (熱水)

4. 配管設計基準書 (Pipe Line Index)

表1 配管設計基準書 (熱水)

装置番号	Line No. 呼び径 B	Line No. 流体記号	Line No. 配管番号	Line No. 仕様記号	流体名称	使用箇所 より	使用箇所 まで	使用 温度 (℃)	使用 圧力 (kPa)	設計 温度 (℃)	設計 圧力 (kPa)	試験 水圧 (kPa)	試験 気圧 (kPa)	保温保冷厚さ (mm)
1	2½	W	01	A	温水	温水槽	ポンプ	60	101	80	101	160	—	—
1	2	W	02	A	温水	ポンプ	熱交換器	60	420	80	500	750	—	—
1	2	W	03	A	熱水	熱交換器	熱水槽	90	360	90	791	1190	—	45

・使用圧力―101 大気圧, 420 ポンプ吐出圧, 360 熱交出口圧
・設計圧力―500 ポンプ締切圧, 791 空気圧縮機吐出圧

はP&Iで定めた記号と番号である。流体名称,使用箇所,使用温度,圧力は製造工程図の内容を転記する。

(1) 設計温度と圧力

配管内の流体が到達しうるもっとも厳しい条件に対して定めた温度と圧力である。

(2) 試験圧力

水圧　$P_t = 1.5 P \left(\dfrac{\sigma_t}{\sigma_d} \right)$

気圧　$P_t = 1.25 P \left(\dfrac{\sigma_t}{\sigma_d} \right)$

気密　$P_t = 1.1 \times P$

ここで,

P_t：耐圧試験圧力〔MPa〕
P：設計圧力〔MPa〕
σ_t：試験温度の材料許容引張応力〔N/mm²〕
σ_d：設計温度の材料許容引張応力〔N/mm²〕

この圧力に10分間以上保持し,局部的な膨らみ,伸び,洩れなどの異状の有無を確認する。

(3) Line No.の呼び径

輸送動力費と配管固定費の和が最小になる経済的流速から求めるべきであるが,計算に手間どるので一般には慣用流速を使ってつぎの手順で求める。

a. 流体の性質と設計温度から**表2**を使い,使用できる管の種類を選定する。

表2 管の種類と使用範囲

種類	管-製法記号	成分〔%〕	使用温度	使用圧力
JIS G 3452 配管用炭素鋼鋼管	SGP-E, B (黒管, 白管)	P≦0.04, S≦0.04	0〜100	≦1 MPa
JIS G 3454 圧力 配管用炭素鋼鋼管	STPG 370-S, E 410-S, E	C≦0.25, Mn≦0.9 C≦0.3, Mn≦1.0	−10〜350	Sch 40, 80
JIS G 3455 高圧 配管用炭素鋼鋼管	STS 370-S 410-S 480-S	C≦0.25, Mn≦1.1 C≦0.30, Mn≦1.4 C≦0.33, Mn≦1.5	−30〜350	≧10 MPa Sch 80, 160
JIS G 3456 高温 配管用炭素鋼鋼管	STPT 370-S, E 410-S, E 480-S	C≦0.25, Mn≦0.9 C≦0.30, Mn≦1.0 C≦0.33, Mn≦1.0	350〜450	Sch 40, 80 160
JIS G 3458 配管用合金鋼鋼管	STPA 12-S 20-S 22-S 23-S 24-S 25-S 26-S	0.5 Mo 0.5 Cr-0.5 Mo 1.0 Cr-0.5 Mo 1.25 Cr-0.5 Mo 2.25 Cr-1.0 Mo 5.0 Cr-0.5 Mo 9.0 Cr-1.0 Mo	400〜550	Sch 40, 80 160
JIS G 3459 配管用 ステンレス鋼管	SUS 304 TP-S, W 316 TP-S, W	18 Cr-8 Ni 16 Cr -12 Ni -2 Mo	−196〜600	Sch 40, 80 160
JIS G 3460 低温配管用鋼管	STPL 380-S, E 450-S	炭素鋼 C≦0.25 ニッケル鋼 3.5 Ni	−45〜200 −100〜200	Sch 40, 80 160
JIS K 6741 硬質ポリ塩化ビニ ル管	VP VU	PVC PVC	5〜35℃ 60℃ 5〜35℃	0〜1.0 MPa 0.34 MPa 0〜0.6 MPa
JIS K 6742 水道用 硬質ポリ塩化ビニル管	)|(VP)|(HIVP	PVC PVC（耐衝撃性）	5〜35℃	≦0.75 MPa

・製法の B は鍛接管, E は電気抵抗溶接管, S は継目無管, W は自動アーク溶接管
・SGP は空気, 水蒸気, 水では 200℃, 設計圧力 0.2 MPa 未満なら 350℃ まで使用できる。ただし上水道用を除く。

表4　管内慣用流速値

配　管・流　体　名	流　速〔m/s〕
液体　ポ　ン　プ　吸　込　管	0.5～2.0
ポ　ン　プ　吐　出　管	1.0～3.0
工　場　一　般　給　水	1.0～3.0
海　　　　　　　　　水	1.2～2.0
自　然　流　下　液	0.3～1.5
高　粘　度　液 (0.05 Pa・s)	0.5～1.6
高　粘　度　液 (0.10 Pa・s)	0.3～1.0
高　粘　度　液 (1.00 Pa・s)	0.1～0.4
気体　送　風　圧　縮　機　吸　込　管	10～20
送　風　圧　縮　機　吐　出　管	15～30
水　蒸　気 (飽　和)	25～30
水　蒸　気 (過　熱)	30～40
燃　焼　排　ガ　ス	2～8
風　力　輸　送 (穀　類)	15～30
風　力　輸　送 (粉　炭)	20～40
風　力　輸　送 (砂)	30～45

b. 設計圧力から表2を使い，使用できる管厚さをSGPか，Sch No.のいずれかに選定する。

このSch No. (スケジュール番号，Schedule Number) は，

$$\text{Sch No.} = 1{,}000 \times \left(\frac{P}{S}\right)$$

ここで，

P：使用圧力〔MPa〕

S：許容応力（**表3**の値）〔N/mm²〕

であるから，Sch No.と表3の値から使用圧力 P が求まる。

Sch No.に対する管厚さ t〔mm〕は，つぎのBarlowの式で求めている。

$$t = \frac{P \cdot D}{2\sigma(1-\beta)} + C$$

14 ［Ⅰ］ 配 管 の 設 計

表3 鋼管の許容

種類記号	製法	各温度〔℃〕にお								
		−196	−100	−45	−30	−10	0	40	100	200
SGP	E						62	62	62	62
	B						47	47	47	47
STPG 370	S					92	92	92	92	92
	E					78	78	78	78	78
410	S					103	103	103	103	103
	E					88	88	88	88	88
STS 370	S				92	92	92	92	92	92
410	S				103	103	103	103	103	103
480	S				121	121	121	121	121	121
STPT 370	S					92	92	92	92	92
	E					78	78	78	78	78
410	S					103	103	103	103	103
	E					88	88	88	88	88
480	S					121	121	121	121	121
STPA 12	S						95	95	95	95
20	S					103	103	103	103	103
22	S					103	103	103	103	103
23	S					103	103	103	103	103
24	S					103	103	103	103	103
25	S					103	103	103	103	99
26	S					103	103	103	103	99
SUS 304 TP	S	129	129	129	129	129	129	129	114	96
	W	110	110	110	110	110	110	110	97	81
316 TP	S	129	129	129	129	129	129	129	120	99
	W	110	110	110	110	110	110	110	102	85
STPL 380	S			95	95	95	95	95	95	95
	E			81	81	81	81	81	81	81
450	S		112	112	112	112	112	112	112	112

4. 配管設計基準書（Pipe Line Index） **15**

引張応力 σ_a (JIS B 8265)

ける許容引張応力〔N/mm²〕

300	325	350	375	400	450	475	525	550	600	650	700	800
62	62	62										
47	47	47										
92	92	92										
78	78	78										
103	103	102	98	89	62	46						
88	88	87	83	75	53	39						
92	92	92										
103	103	102	98	89	62	46	22					
121	121	119	113	101	67	51	22					
92	92	92	89	80	56	47	24	18				
78	78	78	76	68	48	40	20	15				
103	103	102	98	89	62	46	22	17				
88	88	87	83	75	53	39	19	14				
121	121	119	113	101	67	51	22					
95	95	95	95	95	91	88	44	33				
103	103	103	103	102	97	95	51	43				
103	103	103	103	103	101	98	63	41	18	8		
103	103	103	103	102	97	94	53	37	18	8		
103	103	103	103	103	100	95	64	48	24	10		
98	97	96	94	91	84	77	47	35	18	7		
98	97	96	94	91	84	80	61	44	21	10		
85	83	82	81	79	76	75	72	71	64	42	27	11
72	71	70	69	67	65	64	61	60	54	36	23	9
88	86	84	83	82	80	79	78	78	74	50	30	11
75	73	72	71	70	68	68	67	66	63	43	25	9
95	95	94										
81	81	81										
112	112											

$$=\left(\frac{\text{Sch No.}}{1{,}000}\right) \cdot \frac{D}{2(1-0.125)} + 2.54$$

ここで,
  D：管外径 〔mm〕
  $\beta = 0.125$：管厚さの負側許容差
  $C = 2.54$：腐れ代とねじ切り代 〔mm〕

一般に使われている Sch No.は 40, 80, 160 である。ステンレス鋼管には同じ Sch No.より少し薄い Sch-5S, 10S, 20S がある。Sch No.の大きい管は,使用圧力が高く管厚さも厚い。同じ Sch No.の管は呼び径に関係なく等しい使用圧力をもっている。

内圧に対する管の計算厚さ t〔mm〕は,JIS の円筒胴(長手継手)の式で求める。

(イ) $P \leq 0.385\sigma_a$ の場合
$$t = \frac{PR_o}{\sigma_a + 0.4P}$$

(ロ) $P > 0.385\sigma_a$ の場合
$$t = R_o(1 - \sqrt{z})$$
$$z = \frac{\sigma_a - P}{\sigma_a + P}$$

ここで,
  P：設計圧力と液頭圧 〔MPa〕
  R_o：管外半径 〔mm〕
  σ_a：許容引張応力 (表 3 の値) 〔N/mm²〕

管厚さとしては,この式から求まる計算厚さ t に,管厚さの負側の許容差と炭素鋼,低合金鋼で圧縮空気,水蒸気または水に用いるものは 1mm 以上の腐れ代を加える。

c. 慣用流速を**表 4** から選定して,設計条件の流量を除せば断面積が求まり,管の呼び径が定まる。このとき**表 5, 表 6** の流速 1m/s 当たりの流量〔m³/hr〕を使うと呼び径が容易に求まる。

JIS の鋼管には**表 7** のように寸法許容差があるから留意すべきである。

4. 配管設計基準書 (Pipe Line Index) **17**

表5 鋼管の寸法・性能表 (1)

呼び径 A (B) 外径(mm)	SGP-厚さ SchNo-厚さ	内径 (mm)	断面積 (cm²) 流体	断面積 (cm²) 管材	1 m/s の流量 (m³/hr)	単位質量 (kg/m)	断面二次モーメント I (cm⁴)	断面係数 Z (cm³)
10 (3/8) 17.3	SGP-2.3	12.7	1.27	1.08	0.456	0.851	0.312	0.361
	40-2.3	12.7	1.27	1.08	0.456	0.851	0.312	0.361
	80-3.2	10.9	0.933	1.42	0.336	1.11	0.370	0.428
15 (1/2) 21.7	SGP-2.8	16.1	2.04	1.66	0.733	1.31	0.759	0.699
	40-2.8	16.1	2.04	1.66	0.733	1.31	0.759	0.699
	80-3.7	14.3	1.61	2.09	0.578	1.64	0.883	0.814
	160-4.7	12.3	1.19	2.51	0.428	1.97	0.976	0.900
20 (3/4) 27.2	SGP-2.8	21.6	3.66	2.15	1.32	1.68	1.62	1.19
	40-2.9	21.4	3.60	2.21	1.29	1.74	1.66	1.22
	80-3.9	19.4	2.96	2.85	1.06	2.24	1.99	1.46
	160-5.5	16.2	2.06	3.75	0.742	2.94	2.35	1.73
25 (1) 34.0	SGP-3.2	27.6	5.98	3.10	2.15	2.43	3.71	2.18
	40-3.4	27.2	5.81	3.27	2.09	2.57	3.87	2.28
	80-4.5	25.0	4.91	4.17	1.77	3.27	4.64	2.73
	160-6.4	21.2	3.53	5.55	1.27	4.36	5.57	3.28
32 (1 1/4) 42.7	SGP-3.5	35.7	10.0	4.31	3.60	3.38	8.35	3.91
	40-3.6	35.5	9.90	4.42	3.56	3.47	8.52	3.99
	80-4.9	32.9	8.50	5.82	3.06	4.57	10.6	4.95
	160-6.4	29.9	7.02	7.30	2.53	5.73	12.4	5.81
40 (1 1/2) 48.6	SGP-3.5	41.6	13.6	4.96	4.89	3.89	12.7	5.22
	40-3.7	41.2	13.3	5.22	4.80	4.10	13.2	5.45
	80-5.1	38.4	11.6	6.97	4.17	5.47	16.7	6.88
	160-7.1	34.4	9.29	9.26	3.35	7.27	20.5	8.44
50 (2) 60.5	SGP-3.8	52.9	22.0	6.77	7.91	5.31	27.3	9.03
	40-3.9	52.7	21.8	6.93	7.85	5.44	27.9	9.22
	80-5.5	49.5	19.2	9.50	6.93	7.46	36.3	12.0
	160-8.7	43.1	14.6	14.2	5.25	11.1	48.8	16.1
65 (2 1/2) 76.3	SGP-4.2	67.9	36.2	9.51	13.0	7.47	62.0	16.3
	40-5.2	65.9	34.1	11.6	12.3	9.12	73.8	19.3
	80-7.0	62.3	30.5	15.2	11.0	12.0	92.4	24.2
	160-9.5	57.3	25.8	19.9	9.28	15.6	113	29.7

18 [I] 配管の設計

表5 鋼管の寸法・性能表(2)

呼び径A(B)外径(mm)	SGP-厚さ SchNo-厚さ	内径 (mm)	断面積 [cm²] 流体	断面積 [cm²] 管材	1 m/sの流量 [m³/hr]	単位質量 [kg/m]	断面二次モーメント I [cm⁴]	断面係数 Z [cm³]
80 (3) 89.1	SGP - 4.2	80.7	51.1	11.2	18.4	8.79	101	22.7
	40 - 5.5	78.1	47.9	14.4	17.2	11.3	127	28.4
	80 - 7.6	73.9	42.9	19.5	15.4	15.3	163	36.6
	160-11.1	66.9	35.2	27.2	12.7	21.4	211	47.4
100 (4) 114.3	SGP - 4.5	105.3	87.1	15.5	31.4	12.2	234	41.0
	40 - 6.0	102.3	82.2	20.4	29.6	16.0	300	52.5
	80 - 8.6	97.1	74.1	28.6	26.7	22.4	401	70.2
	160-13.5	87.3	59.9	42.8	21.5	33.6	553	96.7
125 (5) 139.8	SGP - 4.5	130.8	134	19.1	48.4	15.0	438	62.7
	40 - 6.6	126.6	126	27.6	45.3	21.7	614	87.8
	80 - 9.5	120.8	115	38.9	41.3	30.5	830	119
	160-15.9	108.0	91.6	61.9	33.0	48.6	1207	173
150 (6) 165.2	SGP - 5.0	155.2	189	25.2	68.1	19.8	808	97.8
	40 - 7.1	151.0	179	35.3	64.5	27.7	1104	134
	80-11.0	143.2	161	53.3	58.0	41.8	1592	193
	160-18.2	128.8	130	84.1	46.9	66.0	2305	279
200 (8) 216.3	SGP - 5.8	204.7	329	38.4	118	30.1	2126	197
	40 - 8.2	199.9	314	53.6	113	42.1	2906	269
	80-12.7	190.9	286	81.2	103	63.8	4226	391
	160-23.0	170.3	228	140	82.0	110	6616	612
250 (10) 267.4	SGP - 6.6	254.2	508	54.1	183	42.4	4600	344
	40 - 9.3	248.8	486	75.4	175	59.2	6287	470
	80-15.1	237.2	442	120	159	93.9	9557	715
	160-28.6	210.2	347	215	125	168	15514	1160
300 (12) 318.5	SGP - 6.9	304.7	729	67.5	263	53.0	8202	515
	40-10.3	297.9	697	99.7	251	78.3	11854	744
	80-17.4	283.7	632	165	228	129	18715	1175
	160-33.3	251.9	498	298	179	234	30749	1931
350 (14) 355.6	SGP - 7.9	339.8	907	86.3	326	67.7	13047	734
	40-11.1	333.4	873	120	314	94.3	17840	1003
	80-19.0	317.6	792	201	285	158	28545	1605
	160-35.7	284.2	634	359	228	282	46467	2613

4. 配管設計基準書 (Pipe Line Index)

表6 硬質ポリ塩化ビニル管の寸法性能表

(呼び径) 外径[mm]	種類-厚さ	内径 [mm]	断面積 [cm²] 流体	断面積 [cm²] 管材	1 m/s の流量 [m³/hr]	単位 質量 [kg/m]	断面二次 モーメント I[cm⁴]	断面係数 Z [cm³]
(13) 18	VP,)|(- 2.5	13	1.33	1.22	0.478	0.174	0.375	0.417
(16) 22	VP,)|(- 3.0	16	2.01	1.79	0.724	0.256	0.828	0.753
(20) 26	VP,)|(- 3.0	20	3.14	2.17	1.13	0.310	1.46	1.12
(25) 32	VP,)|(- 3.5	25	4.91	3.13	1.77	0.448	3.23	2.02
(30) 38	VP,)|(- 3.5	31	7.55	3.79	2.72	0.542	5.70	3.00
(40) 48	VP,)|(- 4.0 VU- 2.0	40 44	12.6 15.2	5.53 2.89	4.52 5.47	0.791 0.413	13.5 7.66	5.62 3.19
(50) 60	VP,)|(- 4.5 VU- 2.0	51 56	20.4 24.6	7.85 3.64	7.35 8.87	1.122 0.521	30.4 15.3	10.1 5.11
(65) 76	VP- 4.5 VU- 2.5	67 71	35.3 39.6	10.1 5.77	12.7 14.3	1.445 0.825	64.8 39.0	17.1 10.3
(75) 89	VP,)|(- 5.9 VU- 3.0	77.2 83	46.8 54.1	15.4 8.11	16.9 19.5	2.202 1.159	134 75.0	30.0 16.9
(100) 114	VP,)|(- 7.1 VU- 3.5	99.8 107	78.2 89.9	23.8 12.2	28.2 32.4	3.409 1.737	342 186	60.0 32.6
(125) 140	VP- 7.5 VU- 4.5	125 131	123 135	31.2 19.2	44.2 48.5	4.464 2.739	687 440	98.2 62.9
(150) 165	VP,)|(- 9.6 VU- 5.5	145.8 154	167 186	46.9 27.6	60.1 67.1	6.701 3.941	1420 877	172 106
(200) 216	VP-11.0 VU- 7.0	194 202	296 320	70.8 46.0	106 115	10.129 6.572	3732 2512	346 233

20 [Ⅰ] 配管の設計

表7 熱間仕上継目無鋼管の許容差

種類	外径の許容差		厚さの許容差		偏肉許容差
SGP STPG	40 A 以下	±0.5 mm	4 mm 未満	+0.6 mm −0.5 mm	
	50 A 以上 125 A 以下 }	±1.0%	4 mm 以上	+15% −12.5%	
	150 A	±1.6 mm			
	200 A 以上	±0.8%	SGP	+規定しない −12.5%	
	350 A 以上 周長±0.5%				
STS STPT STPA STPL	50 mm 未満	±0.5 mm	4 mm 未満	±0.5 mm	厚さの 20% 以下
	50 mm 以上 160 mm 未満 }	±1.0%	4 mm 以上	±12.5%	
	160 mm 以上 200 mm 未満 }	±1.6 mm			
	200 mm 以上	±0.8%			
	350 mm 以上 周長±0.5%				
SUS TP	50 mm 未満	±0.5 mm			
	50 mm 以上	±1.0%			

・冷間仕上継目無鋼管,自動アーク溶接鋼管,電気抵抗溶接管の許容差はこの値より少し小さい

（4）Line No. の仕様記号（Line Class）

配管を構成する各部分の仕様表示では,管と管継手が種類と管厚さ,管フランジと弁が**表8**の呼び圧力,あるいは**表9**のクラス番号と表示が分かれている。そこでこれらの部品を組み合せた配管の仕様内容を,記号や数字を使って表したのが仕様記号であり,**表11**はその一例である。仕様記号が等しい配管は流体の状態が似ており,配管部品の仕様も同じ内容である。なお**表10**はフランジ材料の許容引張応力である。

4. 配管設計基準書 (Pipe Line Index)

表 8 鉄鋼製管フランジの圧力-温度基準 (JIS B 2220, 2230)

呼び圧力	材 料 記 号	流体温度 [℃] と最高使用圧力 [MPa] ~120	220	300	350	400	425	450	475	490
5 K	FC 200 FCD 400, FCMB 27-05 SS 400, SFVC 1, SCPH 1 SUS 304, SCSF 304, SCS 13 A	0.7 0.7 0.7 0.7	0.5 0.6 0.6 0.6	0.5 0.5 0.5						
10 K	FC 200 FCD 400, FCMB 27-05 SS 400, SFVC 1, SCPH 1 SUS 304, SUSF 304, SCS 13 A	1.4 1.4 1.4 1.4	1.0 1.2 1.2 1.2	1.0 1.0 1.0						
20 K	S 25 C, SFVC 2 A, SCPH 2 SUS 304, SUSF 304, SCS 13 A	3.4 2.0	3.1 2.0	2.9 2.0	2.6 2.0	2.3 1.9	2.0 1.9			
30 K	S 25 C, SFVC 2 A, SCPH 2 ― , SFVAF 1, SCPH 11 SUS 304, SUSF 304, SCS 13 A	3.9 3.9 3.9	3.9 3.9 3.6	3.9 3.9 3.4	3.9 3.0	3.7 2.5	3.6 2.3	3.4 2.3	3.0 2.3	2.3
40 K	S 25 C, SFVC 2 A, SCPH 2 ― , SFVAF 1, SCPH 11	6.8 6.8	6.2 6.2	5.7 5.7	5.2 5.2	4.6 5.1	4.0 4.8	4.5	4.0	
63 K	S 25 C, SFVC 2 A, SCPH 2 ― , SFVAF 11 A, SCPH 21	10.7 10.7	9.7 9.7	9.0 9.0	8.1 8.1	7.2 8.0	6.3 7.6	7.1	6.6	6.3

呼び圧力 40 K, 63 K は参考値。

22 [I] 配管の設計

表9 圧力-温度レーティング (ASME B 16.5)

クラス番号	材料記号 (JIS相当品)	\<td colspan=9\>流体温度 [℃] と最高使用圧力 [MPa]
		93	204	316	343	399	427	454	482	510
150	SFVC 2 A, SCPH 2 SFVAF 1, SCPH 11 SUSF 304, SCS 13 A	1.8 1.8 1.6	1.4 1.4 1.3	1.0 1.0 1.0						
300	SFVC 2 A, SCPH 2 SFVAF 1, SCPH 11 SUSF 304, SCS 13 A	4.7 4.8 4.1	4.4 4.6 3.4	3.9 4.2 3.0	3.8 4.1 3.0	3.5 3.7 2.9	2.8 3.5 2.8	2.2 3.3 2.7	3.1 2.7	2.6
600	SFVC 2 A, SCPH 2 SFVAF 1, SCPH 11 SUSF 304, SCS 13 A	9.4 9.6 8.3	8.7 9.1 6.9	7.8 8.3 6.1	7.6 8.1 6.0	7.0 7.3 5.7	5.7 7.0 5.6	4.4 6.7 5.5	6.2 5.4	5.3
900	SFVC 2 A, SCPH 2 SFVAF 1, SCPH 11 SUSF 304, SCS 13 A	14.0 14.4 12.4	13.1 13.7 10.3	11.8 12.5 9.1	11.4 12.2 8.9	10.5 11.0 8.6	8.5 10.5 8.4	6.6 10.1 8.2	9.3 8.0	7.9
1500	SFVC 2 A, SCPH 2 SFVAF 1, SCPH 11 SUSF 304, SCS 13 A	23.4 24.0 20.7	21.9 22.8 17.1	19.6 20.9 15.2	19.0 20.3 14.9	17.5 18.3 14.2	14.2 17.5 14.0	11.0 16.8 13.7	15.5 13.4	13.2
2500	SPVC 2 A, SCPH 2 SFVAF 1, SCPH 11 SUSF 304, SCS 13 A	39.0 40.0 34.5	36.4 38.1 28.6	32.6 34.8 25.4	31.5 33.8 24.8	29.2 30.5 23.7	23.7 29.2 23.3	18.3 28.0 22.8	25.8 22.3	21.9

4. 配管設計基準書（Pipe Line Index） **23**

表10 鋼材の許容引張応力（JIS B 8265）

各温度［℃］における許容引張応力［MPa］

種類	記号	-196	-30	-10	0	100	250	325	350	425	450	475	500
JIS G 3101 一般構造用圧延鋼材	SS 400				100	100	100	100	100				
JIS G 3202 圧力容器用炭素鋼鍛鋼品	SFVC 1 SFVC 2 A		103 121	103 121	103 121	103 121	103 121	103 121	102 119	75 84	62 67	46 51	32 34
JIS G 3203 高温圧力容器用合金鋼鍛鋼品	SFVAF 1 SFVAF 11 A		121 121	121 121	121 121	121 121	121 121	121 121	121 121	121 121	118 118	101 101	70 75
JIS G 4051 機械構造用炭素鋼鋼材	S 25 C			110	110	110	110	110	110	79	57		
JIS G 5151 高温高圧用鋳鋼品	SCPH 1 SCPH 2 SCPH 11 SCPH 21			82 97 90 97	82 97 90 97	82 97 90 97	82 97 90 97	82 97 90 97	82 95 90 97	60 67 87 97	50 54 85 94	37 41 78 81	26 27 56 60
JIS G 5501 ねずみ鋳鉄品	FC 200				20	20	20						
JIS G 5502 球状黒鉛鋳鉄品	FCD 400				50	50	50						
JIS G 5705 可鍛鋳鉄品	FCMB 27-05			34	34	34	34						
JIS G 3214 圧力容器用ステンレス鋼鍛鋼品	SUSF 304	129	129	129	129	114	90	83	82	77	76	75	74
JIS G 5121 ステンレス鋼鋳鋼品	SCS 13 A	97	97	97	97	90	72	66	66	62	61	60	59

24 [I] 配管の設計

表11 仕様記号の組合せ例

仕様記号	鋼管厚さ	管フランジ	
		呼び圧力	クラス番号
A	SGP	10 K	150
B	Sch 40	20 K	300
C	Sch 80	40 K	600
D	Sch 160	63 K	900
E	Sch 160	—	2500

(5) 保温保冷材の厚さ

管の呼び径と設計温度から，**表12〜表15**で厚さを定める。

放散（浸入）熱量 $Q\,[\mathrm{W/m}]$

$$Q=\lambda_{av}\frac{2\pi}{\ln\dfrac{D_s}{D_o}}(\theta_o-\theta_s)=h\pi D_s(\theta_s-\theta_r)$$

保温(冷)材の平均熱伝導率 $\lambda_{av}\,[\mathrm{W/m\cdot K}]$

○ $\lambda=\lambda_o+\alpha\cdot\theta$ の場合

　$\lambda_{av}=\lambda_o+(\alpha/2)(\theta_o+\theta_s)$

○ $\lambda=\lambda_o+\alpha\cdot\theta+\beta\cdot\theta^2$ の場合

　$\lambda_{av}=\lambda_o+(\alpha/2)(\theta_o+\theta_s)+(\beta/3)\{(\theta_o+\theta_s)^2-\theta_o\cdot\theta_s\}$

ここで，

　D_s：保温(冷)材の外径 [m]

　D_o：管外径 [m]

　θ_s：保温(冷)材の表面温度 [°C]

　θ_o：管外面の温度 [°C]

　θ_r：外気温度 [°C]

　h：保温(冷)材表面の伝熱係数 $[\mathrm{W/m^2\cdot K}]$

保温 $h=12\,\mathrm{W/m^2\cdot K}$，$\theta_r=20°\mathrm{C}$

保冷 $h=8\,\mathrm{W/m^2\cdot K}$，$\theta_r=30°\mathrm{C}$，相対湿度 $\Psi=85\%$

4. 配管設計基準書（Pipe Line Index） *25*

表12 ロックウール保温筒

呼び径 B			½	¾	1	1¼	1½	2	2½	3	4	5	6	8	10	12
管内温度 (℃)	100	L	30	35	35	40	40	45	45	50	55	55	55	60	60	65
		Q	15	16	18	19	21	22	25	27	30	35	40	46	55	59
	150	L	40	45	45	50	55	55	60	65	70	70	75	80	80	85
		Q	23	25	28	30	31	35	39	41	46	53	57	66	78	86
	200	L	50	50	55	60	65	65	70	75	80	85	90	95	95	100
		Q	32	36	38	42	43	48	53	56	64	70	76	88	104	114
	250	L	55	60	65	70	75	80	85	85	95	95	100	110	110	115
		Q	43	46	50	54	55	60	67	73	80	91	98	111	130	144
	300	L	65	70	75	80	80	90	95	100	105	110	115	120	125	130
		Q	54	57	62	67	72	76	84	89	100	111	120	140	158	175

熱伝導率 λ 〔W/m·K〕
 $-20℃ \leq \theta < 100℃$, $0.0314 + 0.000174 \cdot \theta$
 $100℃ \leq \theta \leq 600℃$, $0.0384 + 7.13 \times 10^{-5} \cdot \theta + 3.51 \times 10^{-7} \cdot \theta^2$
年間使用時間 (hr) 8,000, L：保温厚さ〔mm〕, Q：放散熱量〔W/m〕

表13 グラスウール保温筒

呼び径 B			½	¾	1	1¼	1½	2	2½	3	4	5	6	8	10	12
管内温度 (℃)	100	L	30	30	35	40	40	45	45	50	50	55	55	60	60	65
		Q	15	17	17	19	20	21	25	26	31	34	38	45	53	57
	150	L	40	45	45	50	50	55	60	65	65	70	75	80	80	85
		Q	23	25	28	30	32	35	38	40	47	52	56	65	77	84
	200	L	50	50	55	60	65	70	70	75	80	85	90	95	95	100
		Q	32	36	39	42	43	47	54	57	64	71	76	89	105	115

熱伝導率 λ 〔W/m·K〕
 $-20℃ \leq \theta \leq 200℃$, $0.0324 + 1.05 \times 10^{-4} \cdot \theta + 4.62 \times 10^{-7} \cdot \theta^2$
年間使用時間 (hr) 8,000, L：保温厚さ〔mm〕, Q：放散熱量〔W/m〕

表14 ビーズ法ポリスチレンフォーム保冷筒の厚さ〔mm〕

呼び径B		½ ¾ 1	1¼ 1½ 2	2½ 3 4	5 6 8	10 12
管内温度〔℃〕	15以上	20 20 20	20 20 20	20 20 20	20 25 25	25 25
	10以上	20 25 25	25 25 25	25 30 30	30 30 30	30 30
	0以上	30 30 35	35 35 35	40 40 40	40 40 45	45 45
	−10以上	35 40 40	45 45 45	45 50 50	55 55 55	55 60
	−20以上	45 45 50	50 50 55	55 60 60	60 65 65	70 70
	−30以上	50 50 55	55 60 60	65 65 70	70 75 75	80 80
	−40以上	55 55 60	65 65 70	70 75 75	80 80 85	90 90
	−50以上	60 60 65	70 70 75	80 80 85	90 90 95	100 100

熱伝導率 λ〔W/m・K〕

$-50°C \leq \theta \leq 70°C, \lambda = 0.0334 + 0.00013 \cdot \theta$

表15 硬質ウレタンフォーム保冷筒の厚さ〔mm〕

呼び径B		½ ¾ 1	1¼ 1½ 2	2½ 3 4	5 6 8	10 12
管内温度〔℃〕	10以上	15 15 15	20 20 20	20 20 20	20 20 20	20 20
	0以上	20 25 25	25 25 25	25 25 30	30 30 30	30 30
	−10以上	25 30 30	30 30 30	35 35 35	35 35 40	40 40
	−20以上	30 35 35	35 35 40	40 40 40	45 45 45	45 50
	−30以上	35 40 40	40 40 45	45 45 50	50 50 55	55 55
	−40以上	40 45 45	45 50 50	50 55 55	60 60 60	65 65
	−50以上	45 45 50	50 55 55	60 60 65	65 65 70	70 75
	−60以上	50 50 55	55 60 60	65 65 70	70 75 80	80 80
	−70以上	55 55 60	60 65 65	70 70 75	80 80 85	90 90
	−80以上	60 60 65	65 70 70	75 80 80	85 90 90	95 100
	−90以上	60 65 70	70 75 75	80 85 85	90 95 100	100 105
	−100以上	65 70 70	75 75 80	85 90 95	95 100 105	110 110

熱伝導率 λ〔W/m・K〕

$-200°C \leq \theta \leq -60°C \quad \lambda = 0.0294 + 0.00010 \cdot \theta$

$-60°C < \theta \leq 15°C \quad \lambda = 0.0209 + 3.13 \times 10^{-5} \cdot \theta + 3.53 \times 10^{-6} \cdot \theta^2 + 4.01 \times 10^{-8} \cdot \theta^3$

5. 配管材料仕様書（Piping Material Specification）

このようにして定めた呼び径，仕様記号，保温（冷）材の厚さをP&Iと配管設計基準書に記入する。

設計基準書の仕様記号ごとに，配管部品の管，管継手，管フランジ，弁などの詳細な仕様を**表16**のごとく整理する。まず仕様記号（Line Class），管フランジの呼び圧力またはクラス番号，流体名，設計温度，圧力を転記してから各部品の呼び径，厚さ（呼び圧力），形式，接続法，材料規格の詳細仕様を記入する。

表16 配管材料仕様書

仕様記号	A		呼び圧力	10 K	
流体名	熱　　水		設計温度，圧力	90℃，791 kPa	
部品	呼び径	厚さ呼び圧力	形式，接続	材料	備考
管	1½ B 以下 2 B 以上	Sch 80 SGP	SW BW	STPG 370-S SGP(B)-E	
管継手	1½ B 以下 2 B 以上	Sch 80 SGP	SW BW	PS 370 FSGP	
管フランジ	½ B 以上	10 K	FF, SO	SS 400	
ガスケット		3.2 mm	FF	ジョイントシート	製品番号
ボルト・ナット			マシンボルト	SS 400-SS 400	
仕切弁	1½ B 以下 2 B 以上	800″ 10 K	BB, OS&Y, SW BB, OS&Y, FF	SFVC 2 A-13 Cr FC 200-CAC 406	
玉形弁	1½ B 以下 2 B 以上	10 K 10 K	SB, ISRS, FF BB, OS&Y, FF	CAC 406-CAC 406 FC 200-CAC 406	
逆止弁	1½ B 以下 2 B 以上	800″ 10 K	BC, リフト, SW BC, スイング, FF	SFVC 2 A-13 Cr FC 200-CAC 406	
安全弁 スチームトラップ 他					

(1) 管

設計基準書で定めた呼び径,管厚さに管継手との接続法,管の材料規格を記入する。

接続法にはねじ込み式(screw = R),突合せ溶接式(butt weld = BW),差込み溶接式((slip-on weld = SO),(socket weld = SW))がある。

小径薄肉管の溶接では,突合せ溶接が差込みすみ肉溶接よりも信頼性が低いので,プラント配管では呼び径1½B以下の溶接継手は差込みすみ肉溶接とし,施工は溶接品質が優れているティグ溶接法を採用している。

管と管継手を接続する周継手の強さは,ねじ込み式では設計圧力による管の軸方向力とねじ込み部の剪断力が釣合うものとして,ねじ込み長さLを求める。

$$\frac{\pi}{4}d^2 \cdot P = L\pi d_1 \tau$$

$$L = \frac{1}{4} \cdot \frac{P}{\tau} \cdot \frac{d^2}{d_1} \fallingdotseq \frac{P \cdot d}{4\tau}$$

表17 溶接継手効率(η)

溶接継手の形式	のど厚さ a	放射線透過試験の割合 100%	20%	行わない
完全溶込み突合せ両側溶接(BW)〔B-1〕これと同等以上の突合せ片側溶接	$a = t$	1.00	0.95	0.70
一般の突合せ片側溶接(BW)〔B-3〕	$a = t$			0.60
両側全厚すみ肉重ね溶接(SO)〔L-1〕	$a \geq 0.7 \cdot t$			0.55
片側全厚すみ肉重ね溶接(SW)〔L-3〕	$a \geq t$			0.45

5. 配管材料仕様書（Piping Material Specification）

溶接式では，溶接継手に生ずる応力が管の許容引張応力と溶接継手効率との積以下として，つぎの式で，のど厚さ a を確認する。

$$\sigma_a \cdot \eta \geqq \frac{P \times \frac{\pi}{4} d^2}{\Sigma a \cdot \pi d} = \frac{P \cdot d}{4 \Sigma a}$$

表 18　管継手の種類と記号

種　類（接続）	呼び径 厚さ	材料（管継手）	材料（対応する管）	形状記号
JIS B 2301，ねじ込み式可鍛鋳鉄製管継手 (Rc)	1/8～6 B SGP	FCMB 27-05	SGP	45°エルボ -45 E 90°エルボ -90 E レジューサ -R T -T キャップ -C
JIS B 2311，一般配管用鋼製突合せ溶接式管継手 (BW)	1/2～20 B SGP	FSGP		
JIS B 2312，配管用鋼製突合せ溶接式管継手 (BW) ｛PG 410, PS 370 はない｝	1/2～20 B Sch 40 Sch 80 Sch 160	PG 370 PG 410 PS 370 PS 410	STPG 370 STPG 410 STS 370, STPG 370 STS 410, STPG 410	フルカップリング -FC ハーフカップリング -HC ボス -B
JIS B 2313，配管用鋼板製突合せ溶接式管継手 (BW) ｛記号の後に W を付ける。キャップ，PS 系はない｝	1/2～24 B Sch 40 Sch 80	PS 480 PT 370 PT 410 PT 480	STS 480, STPT 370, STPG 370 STPT 410, STPG 410 STPT 480,	ロング (L) ショート (S) 同　心 (C) 偏　心 (E)
JIS B 2316，配管用鋼製差込み溶接式管継手 (SW) ｛PG 系はない｝	1/8～3 B Sch 80 Sch 160	PL 380 PL 450	STPL 380 STPL 450	同　径 (S) 径違い (R)
		PA 12 〜 PA 26	STPA 12 〜 STPA 26	
		SUS 304 SUS 316	SUS 304 TP SUS 316 TP	

表19 管フランジの名称と形状

名称	接面形式	形状	呼び圧力
ねじ込み式 (Screw) (TR)	全面座 (Flat Face) (FF)		≦10 K
差込み溶接式 (Slip on Weld) (SO)	平面座 (Raised Face) (RF)		
ソケット 溶接式 (Socket Weld) (SW)	(RF)		
ラップ ジョイント (Lap Joint) (LJ)	(LJ)		≦(300*)
突合せ溶接式 (Welding Neck) (WN)	リング ジョイント (Ring Joint) (RJ)		≧30 K
閉止 (Blank) (BL)	(RF)		

ここで,

L：ねじ込み長さ 〔mm〕

P：設計圧力 〔MPa〕

τ：管の剪断応力 ($\sigma_a \times 0.8$) 〔N/mm²〕

d_1：おねじの谷の径 〔mm〕

d：管内径 〔mm〕

5. 配管材料仕様書（Piping Material Specification） **31**

表20　ガスケットの材料

ガスケットの材料		ガスケット係数 m	最小設計締付圧力 $y[N/mm^2]$	ガスケットの形状	使用限界
ゴムシート	硬さ75未満	0.5	0		120℃
	75以上	1.00	1.37		0.5 MPa
ジョイントシート	厚さ3.2 mm	2.00	10.98		300℃
	厚さ1.6 mm	2.75	25.50		3.5 MPa
	厚さ0.8 mm	3.50	44.82		
渦巻形ガスケット	炭素鋼	2.50	68.89		500℃
	ステンレス鋼またはモネル	3.00			30 MPa
平形メタルジャケット形ガスケット	軟質アルミニウム	3.25	37.95		500℃ 6 MPa
	軟質銅・黄銅	3.50	44.82		
	軟鋼・鉄	3.75	52.37		
	モネル	3.50	55.11		
	4〜6%Cr鋼	3.75	62.08		
	ステンレス鋼	3.75	62.08		
リングジョイントガスケット	軟鋼・鉄	5.50	124.16		800℃ 45 MPa
	モネル	6.00	150.34		
	4〜6%Cr鋼	6.00	150.34		
	ステンレス鋼	6.50	179.27		

・m：密封締付圧力と内圧との比 $(2b×πG)$
・y：フランジ面になじませる締付圧力 $(b×πG)$

　$σ_a$：許容引張応力(表3)〔N/mm^2〕
　$η$：溶接継手効率(**表17**)
　a：のど厚さ(表17)〔mm〕
（2）管継手
　管を接続するもので，その材料，厚さは管と同一にする。**表18**に管継手の種類と記号を表わす。

表21 フランジ締付用ボルト・ナット

呼び圧力	使用温度	ボルト材料	ナット材料	形　　状
10 K	≦220°C >220	SS 400 SS 490	SS 400	マシンボルト・ナット
20 K	≦220 ≦350	SS 400 S 35 C	SS 400 S 25 C	d $0.8 \cdot d$
63 K	≦425 ≦350 ≦450 ≦510	SNB 7 S 35 C SNB 7 SNB 16	S 45 C S 25 C S 45 C モリブデン鋼	スタットボルト・ナット d d

モリブデン鋼成分
　C 0.4〜0.5, Mn 0.7〜0.9, Si 0.15〜0.35, Mo 0.2〜0.3〔%〕

（3）管フランジ

弁の取付け部，配管の取外し部などに使用し，その強さは JIS の呼び圧力(表8)あるいは JPI のクラス番号(表9)で表わす。**表 19** に名称と形状を示す。

（4）ガスケット

フランジの接合面に密着して漏洩を防止する。**表20** にその材料を表わす。

（5）フランジ締付用ボルト・ナット

締付け後の焼付けと高温度の材料クリープを考慮して，**表21** より材料を選定し，ボルト荷重，締付トルクを計算する。

（a）材料(表21)

（b）全荷重 W_m 〔N〕

$$W_{m1} = \frac{\pi}{4} G^2 \cdot P + 2\pi b G m P \quad \text{(使用時)}$$

$$W_{m2} = \pi b G y \quad \text{(締付時)}$$

この式の b, G は，まずガスケット座の基本幅 b_0 を求め，b を算出して G をつぎのごとく計算する。

○接触幅 N〔mm〕のシート，渦巻形，メタルジャット形

5. 配管材料仕様書 (Piping Material Specification) **33**

表22 メートルねじの有効断面積

ねじの呼び	ピッチ p (mm)	有効径 d_2 (mm)	有効断面積 A_s (mm²)	許容締付力 SS 400 (kN)	許容締付力 S 35 C (kN)
M 10	1.50	9.026	58.0	3.54	5.68
12	1.75	10.863	84.3	5.14	8.26
16	2.00	14.701	157	9.58	15.4
20	2.50	18.376	245	14.5	24.0
22	2.50	20.376	303	17.9	29.7
24	3.00	22.051	353	20.8	34.6
30	3.00	28.051	580	34.2	56.8
36	3.00	34.051	865	51.0	84.8

$b_o = \dfrac{N}{2}$

○幅 w [mm] のリングジョイント

$b_o = \dfrac{w}{8}$

○ガスケット座の有効幅 b [mm] はつぎによる。

$b_o \leq 6.35$ のとき $b = b_o$

$b_o > 6.35$ のとき $b = 2.52\sqrt{b_o}$

○ガスケット反力円の直径 G [mm] は，

$b_o \leq 6.35$　$G =$ ガスケット面中心円の直径

$b_o > 6.35$　$G =$ (ガスケット接触面の外径) $- 2b$

ラップジョイントはフランジとの重ね幅の中点直径

○ m, y は表20の値

○ P は設計圧力(内圧) [MPa]

(c) ボルト荷重 W [N]

計算した W_{m1}, W_{m2} のうち大きい値をボルト本数で除し，ボルト荷重 W とする。

(d) メートルねじの締付トルク T [N·mm]

$T = \dfrac{W}{2}(1.15\mu \cdot d_2 + \dfrac{p}{\pi} + \mu \cdot d_w)$

ただし，

W：ボルト荷重 〔N〕
μ：ねじ面，ナット座面の摩擦係数（≒0.15）
d_2：メートルねじの有効径
　(表22) 〔mm〕
p：メートルねじのピッチ
　(表22) 〔mm〕
$$d_w = \frac{0.608B^3 - 0.524D_i^3}{0.866B^2 - 0.785D_i^2}$$
B：六角ナットの二面幅 〔mm〕
D_i：ボルト穴の直径 〔mm〕

(e) ボルトの長さ

締付け後にボルトのねじ山がナットより2〜3山出る長さとする。

(f) 計算例

○フランジ：呼び圧力10K，呼び径50，平面座径96mm，ボルト穴径19mm，M16，4本
　六角ナットの二面幅24mm
○ガスケット：ジョイントシート，外径104mm，
　　　　　　　内径61mm，
　　　　　　　厚さ3.2mm，$m=2$，
　　　　　　　$y=10.98\,\text{N/mm}^2$
○設計圧力：$P=1$ 〔MPa=N/mm²〕

このときのボルト荷重Wと締付トルクを求める。

接触幅 $N = \frac{1}{2}(96-61) = 17.5\,\text{mm}$

$b_o = \frac{1}{2} \times 17.5 = 8.75\,\text{mm}$

$b = 2.52 \times \sqrt{8.75} = 7.45\,\text{mm}$

$G = 96 - 2 \times 7.45 = 81.1\,\text{mm}$

$W_{m1} = \frac{\pi}{4} \times 81.1^2 \times 1 + 2 \times \pi \times 7.45 \times 81.1 \times 2 \times 1$
　　　$= 12.8\,\text{kN}$

$W_{m2} = \pi \times 7.45 \times 81.1 \times 10.98$
　　　$= 20.8\,\text{kN}$

5. 配管材料仕様書 (Piping Material Specification)

表23 ボルト材の許容引張応力 (JIS B 8265)

種 類	記 号	寸法成分	各温度 (℃) における基本許容応力 (N/mm²=MPa)														
			-196	-100	-30	0	40	225	350	375	425	450	475	500	525	550	575	600
JIS G 3101 一般構造用圧延鋼材	SS 400	d≦16				61	61	61										
		d≦40				59	59	59										
	SS 490	d≦16				71	71	71										
		d≦40				69	69	69										
	SS 540	d≦16				100	100	100										
		d≦40				98	98	98										
JIS G 4051 機械構造用炭素鋼材	S 25 C					66	66	66	66	66								
	S 35 C					98	98	98	98	98								
	S 45 C					122	122	122	122	122								
JIS G 4107 高温用合金鋼ボルト材	SNB 7	1 Cr・0.2 Mo		172	172	172	172	172	172	172	172	146	122	94	69	44	31	
	SNB 16	1 Cr・0.5 Mo・V		172	172	172	172	172	172	172	172	165	148	124	92	63		
JIS G 4303 ステンレス鋼棒	SUS 304	18 Cr・8 Ni	102	102	102	102	102	73	61	59	56	53	52	50	49	48	46	43
	SUS 316	18 Cr・12 Ni・2 Mo	102	102	102	102	102	85	81	81	80	79	78	77	77	74	72	68

○ボルト荷重
 $W = 20.8 \div 4 = 5.2 \text{kN}$
 表22, **表23** より M16 で SS 400 の許容締付力を求めると,
 $61 \times 157 = 9.6 \text{kN} > 5.2 \text{kN}$
使用できる。
$$d_w = \frac{0.608 \times 24^3 - 0.524 \times 19^3}{0.866 \times 24^2 - 0.785 \times 19^2}$$
 $= 22.3 \text{mm}$
○締付トルク T
$$T = \frac{5.2}{2} \times \left(1.15 \times 0.15 \times 14.701 + \frac{2}{\pi} + 0.15 \times 22.3 \right)$$
 $= 17 \text{kN-mm}$

(6) 弁

弁には開閉用の仕切弁 (gate), 絞り用の玉形弁 (globe), 逆流防止用の逆止弁 (check) とレバー操作のコック (cock), ボール弁 (ball), バタフライ弁 (butterfly) などがある。その構造は**図5**の略図のとおりで, 主要な種類については**表24**の JIS 規格があ

36　[Ⅰ]　配管の設計

図5　弁の構造

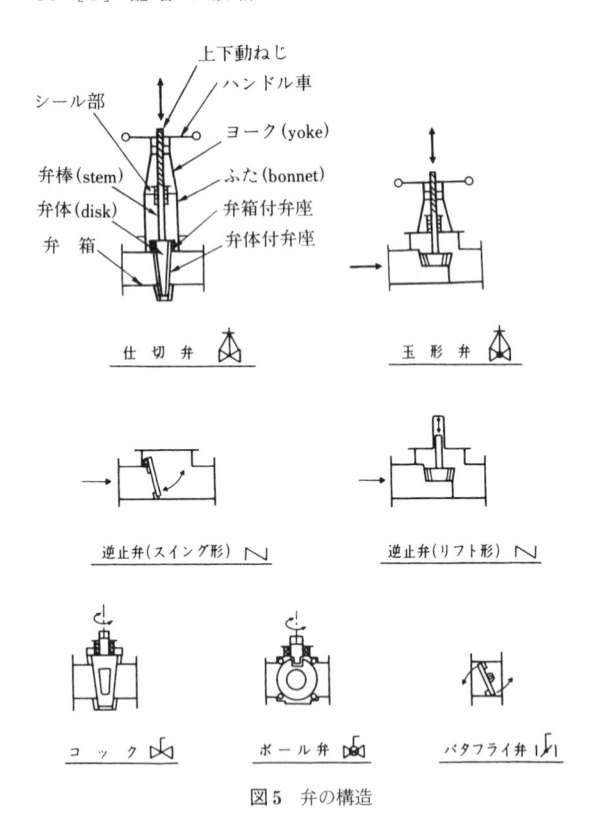

る。

　材料区分の本体（body）は弁箱とふたの耐圧部で，その材料名が名称にも使われている。要部（trim）は弁体（disk），弁座（seat）と弁棒（stem）にシール部で，材料には13 Cr以上の耐食材を使っている。

　一般に弁体付弁座は弁箱付弁座より硬くしてあるが，両者にス

5. 配管材料仕様書（Piping Material Specification）

表 24 弁の種類

種　類	弁種と呼び径・流体の状態と最高許容圧力			材　料
	呼　び　圧　力	5 K	10 K	本体―要部
JIS B 2011 青銅弁	ねじ込み玉形弁 ねじ込み仕切弁 ねじ込み逆止弁（リフト・スイング） フランジ形玉形弁 フランジ形仕切弁	15〜80 A 15〜80 ― ― ―	8〜100 A 15〜80 10〜50 15〜100 25〜80	CAC 406-CAC 406 （鉛レスは CAC 911） 玉形弁，逆止弁には 四ふっ化エチレン樹
	120°C 以下 油，ガス，空気，脈動水 飽和蒸気 120°C 以下静流水	0.5 MPa 0.20 0.7	1.0 MPa 0.7 1.4	脂板のソフトシート 付あり
JIS B 2031 ねずみ鋳鉄弁	フランジ形玉形弁 フランジ形内ねじ仕切弁 フランジ形外ねじ仕切弁 フランジ形スイング逆止弁	― ― 50〜250 A ―	40〜200 A 50〜300 50〜300 50〜200	FC 200-CAC 406 FC 200-CR 13 FC 200-304 FC 200-316
	120°C 以下 油，空気，脈動水 飽和蒸気 120°C 以下ガス 120°C 以下静流水	0.49 MPa 0.20 0.20 0.69	0.98 MPa 0.20 0.20 1.37	弁体は本体と 同材料
JIS B 2051 可鍛鋳鉄 10 K ねじ込み形弁	ねじ込み形玉形弁 ねじ込み形仕切弁 ねじ込み形リフト逆止弁 ねじ込み形スイング逆止弁	― ― ― ―	15〜50 A 15〜50 15〜50 15〜50	FCMB 34-10-CR 13 玉形弁，逆止弁には 四ふっ化エチレン樹
	220°C 以下 油，ガス，空気，蒸気 脈動水 120°C 以下静流水	― ― ―	} 0.98 MPa 1.37	脂板のソフトシート 付あり
JIS B 2071 鋳鋼 フランジ形弁	呼　び　圧　力	10 K	20 K	SCPH 2-CR 13
	フランジ形玉形弁 フランジ形仕切弁 フランジ形スイング逆止弁	50〜200 A 50〜300 50〜300	40〜200 A 50〜300 50〜300	ステライト盛金によ る弁座面の硬化も可 能
	425°C 以下 油，ガス，蒸気，空気 400°C 以下 油，ガス，蒸気，空気 300°C 以下 油，ガス，蒸気，空気 220°C 以下 油，ガス，蒸気，空気 脈動水 120°C 以下 油，ガス，静流水	― ― 1.0 MPa } 1.2 1.4	2.0 MPa 2.3 2.9 } 3.1 3.4	

38 [I] 配管の設計

表24 弁の種類（つづき）

JIS B 2191 青銅ねじ込み コック	弁　　種	メ ン	グランド	CAC 406-CAC 406
	ねじ込みコック	10～50 A	15～50 A	
	120℃以下 油, ガス, 空気, 脈動水	0.49 MPa	0.69 MPa	
	飽和蒸気	−	0.20	
	120℃以下静流水	0.98	0.98	

テライト盛金を行い，さらに硬くすることもある。弁棒ではねじの位置がふたの外側にある外ねじ形（outside　screw & yoke：OS & Y），内側にある内ねじ形（inside screw rising stem: ISRS）と内ねじで非上昇形（inside screw nonrising stem: ISNS）がある。

ふた（bonnet）の取付けにはボルト（B.B.），ねじ込み（SB），ユニオンナット（UB）がある。

接続法では，ねじ込み，フランジ（FF，RF，RJ），突合せ溶接（WN），差込み溶接（SW）がある。

また，JIS 規格には，呼び径 1 ¼ B（32 A）以下の鋳鋼製小型弁がないので，プラント配管では JPI-7S-57（軽量形鋼製弁 800#）の規格品を使っている。この規格は ANSI，API と同じ内容で弁の面間寸法のみを定め，他の寸法は製作者によって異なっている。

（7）安全弁

流体圧力が規定以上になると自動的に弁体が開いて流体を噴出し，圧力容器や配管の安全を確保する弁で，その大きさは陸用鋼製ボイラの構造（JIS B 8201）によれば，蒸気ボイラでは最大蒸発量，過熱器では最大通過蒸気量以上を吹き出せるものを採用する。

（8）蒸気トラップ

蒸気の復水（ドレン）を自動的に排出する弁で，つぎの3種があり，排出能力はドレン発生量の 3～4 倍とする。

（a）メカニカルトラップ

蒸気と復水の密度差でバケットとかフロートを浮沈させ，弁を開閉して復水を排出する。始動時に弁が閉じているから空気抜き

表25 給　水　栓

呼び径	吐出量〔l/min〕		取付部のねじ	
	水　栓	ボールタップ	水　栓	ボールタップ
13	12以上	8以上	G, Rp, Rc-½	G, R-½
20	35	16	G, Rp, Rc-¾	G, R-¾
25	60	24	G, Rp, Rc-1	G, R-1

G ：管用平行ねじ　　　JIS B 0202
Rp：管用平行めねじ　　JIS B 0203
Rc：管用テーパめねじ　JIS B 0203
R ：管用テーパおねじ　JIS B 0203

機構がある。復水の排出を急ぐ中圧までのプロセス設備用として使う。

（b）サーモスタチックトラップ

蒸気と復水の温度差でバイメタルとかベローズを作動させ，弁を開閉して復水を排出する。始動時に弁が開いているから空気抜きが可能である。蒸気の主管，トレース管ならびに復水滞留時の顕熱利用もできるので暖房用として使う。

（c）サーモダイナミックトラップ

蒸気の圧力差でディスク弁を開閉する。ディスク弁を閉ざしている弁裏側の蒸気圧が，蒸気の冷却凝縮によって低圧になると弁が開いて復水を排出する。続いて蒸気が弁の表裏に流れて排出すると，蒸気入口，出口の面積に働く蒸気圧の力の差で弁が閉じる。始動時は弁が閉じているので空気抜きの機構があり，低圧から高圧までのプロセス設備用として使う。

（9）給水栓

給水，給湯用の水栓ならびにボールタップで，その使用圧力は0.75MPa以下である。各種の形状があり，吐出量と取付け部ねじの規格を**表25**に表わす。

6. 配管径路の計画（Piping Layout）

連絡する機器の安定運転と保守作業が安全かつ容易にできて，経済的でしかも美観を呈する配管径路を圧力損失，熱膨張，振動

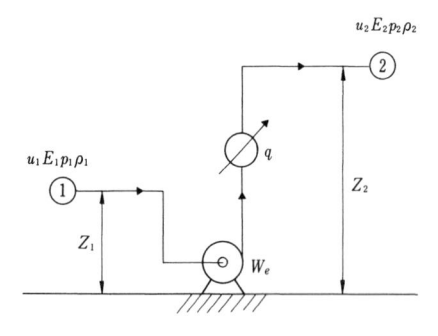

図6 流体輸送管路

などを検討して計画する。その一般的な検討方針を列記する。
(1) 配管全般
 a. 配管の長さはできる限り短くして流動による圧力損失を小さくする。
 b. 流れを妨げるガス溜り，液溜りをなくし配管の最上部と最下部に抜き弁を取付け，管内流体の排出をも可能にする。
 c. 水平状本管に枝管を取付ける位置は，ガスでは本管の上側として下側に液抜き弁を設ける。液では本管の下側とし，上側にガス抜き弁を設ける。液が沈澱物を含むときは本管の横側に枝管を取付ける。
 d. 弁はハンドル操作の容易な位置に取付け，閉じたとき弁の前後に液溜りが発生しない水平状態に取付け，弁内部のガス溜りを防ぐため弁棒を水平にして取付けることが望ましい。さらに弁座の修理作業についても考慮すべきである。
 e. 配管は平行に並べて支持し，隣接管との間隔は管の外周間が75mm以上か，フランジ外周間を25mm以上とし，ボルトの締付けや断熱工事を考慮して定める。
 f. 管が互いに直交するときの間隔は使用する管継手の大きさから定める。
 g. 配管の支持装置には，管以外に電気，計装関係の線や管を支

持することがあるので、その大きさとか強度には余裕をもたせる。

h. 管内流体の固有電気抵抗率(ρ)が10^{10}Ω·m以上のときは、流動によって静電気が発生するから、すべての管を接地して静電気の蓄積を防止する。{電気抵抗 R〔Ω〕＝ρ×(長さ／断面積)}

i. 管の末端は増設を考慮して弁を取付けることがある。

j. 注意すべきことは、管の曲り部には流体の偏流や溜りが発生している。ねじ込み継手やフランジ部では、地震などの振動によって流体漏れや管の破損が起こる。安全弁の噴出時には振動が起こるなどに留意して計画する。

（2）機器回りの配管

a. 機器のノズル(管台)には取付ける管の自重や熱膨張の力が掛からぬように管を支持する。

b. ポンプの吸込管は口径を太くしてキャビテーションの発生を防止し、管内径の3倍以上の直管部を設けて偏流や旋回流を防止することが望ましい。

c. 機器の分解修理のためにその作業空間には配管を避け、機器に取付けた弁や配管は容易に取外せる構造とする。

d. 機器へ異物が入るのを防ぐストレーナ、逆流防止の逆止弁、機器と配管の単独試験に使う弁は流れの方向に注意する。

（3）計測器に関係する配管

a. オリフィス計では流れを整流するために、流量計の前方に管内径の約25倍以上、後方に管内径の約5倍以上の直管部を設ける。

b. ブルトン管式圧力計は常温近くで測定するため、高温流体のときは放熱用のサイホン管を取付ける。

c. 温度計の感温筒は管の呼び径が2½B以上なら流れに平行、6B以上なら流れに直角状態として取付けられる。

このようにレイアウトを進めていくが、プラント配管は複雑であるから配管モデルを作成すると総合的な検討が容易に行える。

7. 流動圧力損失

流体が管内を流動すると流体のもっている高さ、速度、内部ならびに静圧の各エネルギーが変化し、さらには管との摩擦によってエネルギーの損失が起こる。

表 26 円管の摩擦係数 f

Re	平滑管	粗管	Re	平滑管	粗管
3×10^3	0.01089	0.01172	3×10^5	0.00362	0.00446
4	0.00999	0.01088	4	0.00343	0.00425
5	0.00936	0.01029	5	0.00329	0.00410
6	0.00888	0.00984	6	0.00319	0.00398
7	0.00851	0.00949	7	0.00310	0.00388
8	0.00820	0.00919	8	0.00303	0.00380
9	0.00795	0.00894	9	0.00297	0.00373
1×10^4	0.00773	0.00873	1×10^6	0.00291	0.00367
2	0.00648	0.00748	2	0.00260	0.00331
3	0.00588	0.00687	3	0.00243	0.00312
4	0.00550	0.00648	4	0.00233	0.00299
5	0.00523	0.00620	5	0.00225	0.00290
6	0.00502	0.00598	6	0.00219	0.00283
7	0.00485	0.00580	7	0.00214	0.00277
8	0.00472	0.00566	8	0.00209	0.00272
9	0.00460	0.00553	9	0.00206	0.00267
1×10^5	0.00450	0.00543	1×10^7	0.00203	0.00264
2	0.00391	0.00479			

- 平滑管 $\dfrac{1}{\sqrt{f}}=4\times\log(Re\cdot\sqrt{f})-0.4$
- 粗 管 $\dfrac{1}{\sqrt{f}}=3.2\times\log(Re\cdot\sqrt{f})+1.2$

7-1. エネルギー収支式

図6の流体輸送管路はポンプと熱交換器によって，流体を管路の位置①から②まで輸送している。このときの単位流体にエネルギー収支を適用すると，つぎの全エネルギー収支式(1)が得られる。

$$W_e+q=(W+\Sigma F)+(Q-\Sigma F)=W+Q$$

表27 抵抗係数 K_a

弁・継手類	抵抗係数 K_a
玉形弁(全開)	6.0
仕切弁(全開)	0.17
アングル弁(全開)	2.0
Y形弁(全開)	3.0
ダイアフラム弁(全開)	2.3
バタフライ弁(85°開)	0.24
コック(85°開)	0.05
スイング逆止弁	2.0
フート弁	15.0
45°標準エルボ	0.35
90°標準エルボ	0.75
180°ベンド	1.50
T ⊥	0.4
T ↑	1.0
カップリング・ユニオン	0.04
ストレーナ	1.0
管入口 →⊦	0.5
管出口 ⊦→	1.0

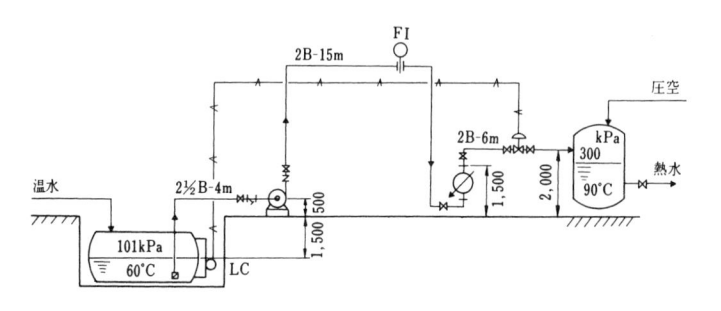

図7 温水輸送配管

$$= g(Z_2 - Z_1) + \left(\frac{u_2^2}{2} - \frac{u_1^2}{2}\right) + (E_2 - E_1) + \left(\frac{p_2}{\rho_2} - \frac{p_1}{\rho_1}\right)$$
(1)

この式につぎの熱力学第1法則を代入すると,機械的エネルギー収支式(2)が得られる。

$$Q = q + \Sigma F = (E_2 - E_1) + \int_1^2 p d\left(\frac{1}{\rho}\right)$$

$$W_e = g(Z_2 - Z_1) + \left(\frac{u_2^2}{2} - \frac{u_1^2}{2}\right) + \left(\frac{p_2}{\rho_2} - \frac{p_1}{\rho_1}\right)$$
$$- \int_1^2 p d\left(\frac{1}{\rho}\right) + \Sigma F \quad (2)$$

なおこの式にはつぎの関係式も成立する。

$$\left(\frac{p_2}{\rho_2} - \frac{p_1}{\rho_1}\right) = \int_1^2 p d\left(\frac{1}{\rho}\right) + \int_1^2 \left(\frac{1}{\rho}\right) dp \quad \text{(数学公式)}$$

$$\Sigma F = \left(4 \times f \times \frac{l}{d} + \Sigma K_a\right) \cdot \frac{u^2}{2} \quad \text{(摩擦損失)}$$

ここで,

- W_e〔J/kg〕:ポンプからの機械エネルギー
- q〔J/kg〕:熱交換器からの熱エネルギー
- Z〔m〕:高さ
- u〔m/s〕:管内流体の平均速度
- E〔J/kg〕:流体がもつ内部エネルギー
- p〔Pa〕:流体の静圧
- ρ〔kg/m³〕:流体の密度
- f〔-〕:円管の摩擦係数 (**表26**)
- l〔m〕:管の長さ
- d〔m〕:管の内径
- K_a〔-〕:抵抗係数 (**表27**)
- η〔Pa·s〕:流体の粘度
- $Re = \dfrac{du\rho}{\eta}$:レイノルズ数

7-2. 温水輸送の計算例

温度60°Cの温水を吐出量 0.25m³/min のポンプで温水槽から吸上げ,オリフィス計を経て熱交換器で90°Cに加熱し,流量調節弁を経て熱水槽へ輸送している。このポンプの動力を計算する。

ただし，圧力損失はオリフィス計が11kPa，熱交換器が20kPa，流量調節弁は40.7kPaとする（図**7**）。

（1）ポンプ吸込管の摩擦損失

a．温水60℃の物性
　密度　$\rho=983\mathrm{kg/m^3}$
　粘度　$\eta=0.467\mathrm{mPa\cdot s}$
　蒸気圧　$p_v=19.9\mathrm{kPa}$

b．管径と流速 u

慣用流速が0.5〜2m/sであるから，管はSGPの2½B，内径 $d=67.9$mm，断面積 $0.00362\mathrm{m^2}$ を使う．

$$u=\frac{0.25}{60\times 0.00362}=1.15\mathrm{m/s}$$

c．レイノルズ数と摩擦係数 f

$$Re=\frac{0.0679\times 1.15\times 983}{0.467\times 10^{-3}}=1.64\times 10^5$$

表26より，$f=0.00502$

d．抵抗係数 ΣK_a

管継手類はフート弁1個，仕切弁1個，ストレーナ1個，エルボ1個として表27より求める．

$$\Sigma K_a=15+0.17+1+0.75=16.92$$

e．摩擦損失（管長さ4m）

$$F_s=\left(4\times 0.00502\times \frac{4}{0.0679}+16.92\right)\times \frac{1}{2}\times 1.15^2$$
$$=12\mathrm{J/kg}$$

（2）キャビテーション

a．$(NPSH)_{Ava}=(Z_1-Z_s)+\left(\dfrac{p_1}{\rho_1}-F_s-\dfrac{p_v}{\rho_s}\right)\cdot g^{-1}$

$$=(-1.5-0.5)+\left(\frac{101,000}{983}-12-\frac{19,900}{983}\right)\times 9.8^{-1}$$
$$=5.19\mathrm{m}$$

b．$(NPSH)_{Req}=\left(\dfrac{n\sqrt{Q}}{1,200}\right)^{\frac{4}{3}}$

$$=\left(\frac{1,500\sqrt{0.25}}{1,200}\right)^{\frac{4}{3}}=0.53\mathrm{m}$$

c. $NPSH(A_{va}-R_{eq})$

　$=5.19-0.53=4.66>1\mathrm{m}$

したがって，キャビテーションの発生はない。ここでは($NPSH$ = net positive suction head = 有効吸込揚程)$_{Req}$ の値を算出しているが，実際にはポンプ製作者の指定値を使う。式の記号は Z_s, p_v, ρ_s がポンプ吸込口の高さ，液蒸気圧，液密度。n[rpm] はポンプ回転数，Q[m³/min] はポンプ吐出量である。

(3) ポンプ・熱交換器間の管摩擦損失

a. 管径と流速 u

慣用流速が 1~3m/s であるから，管は SGP の 2B，内径 $d=52.9$mm，断面積 0.0022m² を使う。

$$u=\frac{0.25}{60\times 0.0022}=1.89\mathrm{m/s}$$

b. レイノルズ数と摩擦係数 f

$$Re=\frac{0.0529\times 1.89\times 983}{0.467\times 10^{-3}}=2.1\times 10^5$$

表 26 より，$f=0.00476$

c. 抵抗係数 ΣK_a

管継手類は逆止弁 1 個，仕切弁 2 個，エルボ 5 個として表 27 より求める。

$$\Sigma K_a=2+0.17\times 2+0.75\times 5=6.09$$

d. 摩擦損失（管の長さ 15m）

$$F_{d_1}=\left(4\times 0.00476\times \frac{15}{0.0529}+6.09\right)\times \frac{1}{2}\times 1.89^2$$

$$=20.5\mathrm{J/kg}$$

(4) 熱交換器・熱水槽間の管摩擦損失

a. 熱水 90℃ の物性

　密度　$\rho=965\mathrm{kg/m^3}$

　粘度　$\eta=0.315\mathrm{mPa\cdot s}$

b. 管径と流速 u

管は SGP の 2B，内径 $d=52.9$mm，断面積 0.0022m² を使う。

$$u=1.89\times \frac{983}{965}=1.93\mathrm{m/s}$$

c. レイノルズ数と摩擦係数 f

表28 コーナー・タップ形オリフィス計流量係数 他

D_o/D	m	$m \cdot c$	β	Re_T
0.224	0.05	0.0299	0.942	2.10×10^4
0.316	0.10	0.0603	0.888	2.84
0.387	0.15	0.0912	0.835	3.78
0.447	0.20	0.1232	0.783	4.94
0.500	0.25	0.1560	0.732	6.35
0.548	0.30	0.1905	0.681	8.03
0.592	0.35	0.2265	0.631	9.99
0.632	0.40	0.2648	0.581	1.22×10^5
0.671	0.45	0.3056	0.532	1.47
0.707	0.50	0.3485	0.482	1.74
0.742	0.55	0.3955	0.433	2.03
0.775	0.60	0.4464	0.384	2.32
0.800	0.64	0.4915	0.346	2.56

$$Re = \frac{0.0529 \times 1.93 \times 965}{0.315 \times 10^{-3}} = 3.13 \times 10^5$$

表26より, $f = 0.00443$

d. 抵抗係数 ΣK_a

管継手類は仕切弁3個, エルボ4個として表27より求める。

$\Sigma K_a = 0.17 \times 3 + 0.75 \times 4 = 3.51$

e. 摩擦損失 (管の長さ 6m)

$$F_{d_2} = \left(4 \times 0.00443 \times \frac{6}{0.0529} + 3.51\right) \times \frac{1}{2} \times 1.93^2$$
$$= 10.3 \text{J/kg}$$

48 [I] 配管の設計

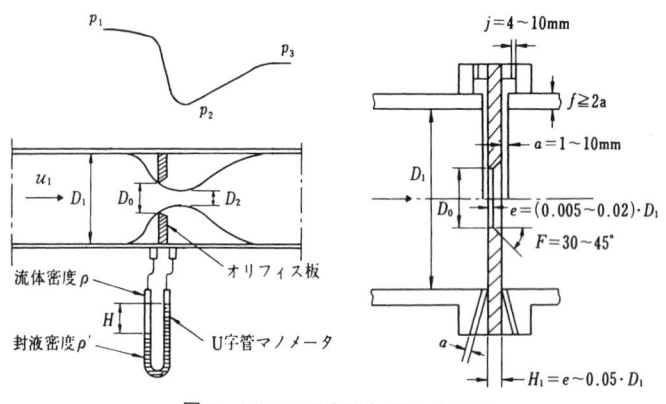

図8 オリフィス流量計 (JIS Z 8762)

(5) 熱交換器出口の圧力

エネルギー式(2)を熱交換器出口①と熱水槽入口②に適用して求める。

$$0=9.8\times(2-1.5)+\left(\frac{300,000}{965}-\frac{p_1}{965}\right)+10.3+\frac{40,700}{965}$$

$$\therefore p_1=965\times(4.9+310.9+52.5)=355.4\text{kPa}$$

(6) ポンプからの機械エネルギー

$$W_e=9.8\times(2+1.5)+\frac{1.93^2}{2}+\left(\frac{300,000}{974}-\frac{101,000}{974}\right)$$
$$+12+20.5+10.3$$
$$+\frac{11,000}{983}+\frac{20,000}{974}+\frac{40,700}{965}$$
$$=357\text{J/kg}$$

(7) 全揚程 H

$$H=\frac{357}{9.8}=36\text{m}（温水）$$

(8) ポンプ駆動用動力 P

ポンプ効率を 0.5,モータ効率を 0.9 として,

$$P=\frac{Q \cdot \rho \cdot W_e}{\eta}=\frac{0.25\times 983\times 357}{60\times 0.5\times 0.9}=3.25\text{kW}$$

7-3. オリフィス流量計

計算例のオリフィス計を設計する。

(1) 計算式

$$Q=m \cdot c \cdot A\sqrt{2g\varDelta H}$$

$$m=\left(\frac{D_0}{D_1}\right)^2$$

$$\varDelta H=\frac{(\rho'-\rho)}{\rho} \cdot H$$

$$(p_1-p_3)=\rho \cdot \beta \cdot (m \cdot c)^{-2}\times \frac{1}{2} \cdot u_1^2$$

ここで,

Q〔m³/s〕:流量

c〔-〕:流量係数 (**表28**)

A〔m²〕:管内断面積

D_0〔mm〕:オリフィス板孔径

D_1〔mm〕:管内径 (50~1,000 mm)

ρ'〔kg/m³〕:封液密度

ρ〔kg/m³〕:流体密度

H〔m〕:マノメータ読み (**図8**)

p〔Pa〕:流体の静圧

u_1〔m/s〕:管内速度

(2) 計算例

管 SGP-2B (内径 D_1=52.9mm, 断面積 A=0.0022m²)に, 温度 60℃ の温水が流量 0.25m³/min で流れるとき, 水銀マノメータの読みが H=0.15m になるオリフィス計を設計する。

a. 温水 60℃ の物性

密度 ρ=983kg/m³

粘度 η=0.467mPa·s

b. 温度 20℃ の水銀密度 ρ'=13,546kg/m³

c. 温水ヘッド $\varDelta H$

$$\varDelta H=\frac{(13,546-983)}{983}\times 0.15=12.8\times 0.15$$

$$=1.92\text{m}$$

50 〔Ⅰ〕配 管 の 設 計

表29 製作者の公表 C_V 値

呼び径	C_V	呼び径	C_V
⅛ B	0.3	2 B	32〜50
¼	1.4	2 ½	50〜75
½	4〜5.5	3	72〜108
¾	6〜8	4	128〜190
1	8〜12	6	290〜430
1 ¼	13〜19	8	640〜760
1 ½	18〜27	10	1000〜1200

・C_V 〔(US gal/min)/(lbf/in²)$^{0.5}$〕：容量係数（弁全開時の水量）

d. 流量
$$Q = \frac{0.25}{60} = 0.00417 \mathrm{m^3/s}$$

e. レイノルズ数
$$Re = \frac{D_1 \cdot Q \cdot \rho}{\eta \cdot A} = \frac{0.0529 \times 0.00417 \times 983}{0.467 \times 10^{-3} \times 0.0022} = 2.11 \times 10^5 > Re_T$$

f. m, その他の値
$$0.00417 = (m \cdot c) \times 0.0022 \times \sqrt{2 \times 9.8 \times 1.92}$$
$$\therefore (m \cdot c) = 0.309$$

表28 より，$m \cdot c = 0.309$ に相当する m の値は 0.454 であるから，オリフィス板の孔径 D_0 は，
$$52.9 \times 0.454^{0.5} = 35.6 \mathrm{mm}$$

そこで工作を容易とするために，$D_0 = 35 \mathrm{mm}$ とする。
$$m = \left(\frac{35}{52.9}\right)^2 = 0.438$$

表28 より，$(m \cdot c) = 0.2958$, $\beta = 0.544$, $Re_T = 1.41 \times 10^5$ が得られる。

g. 流量計算式
$$Q = 60 \times 0.2958 \times 0.0022 \times (2 \times 9.8 \times 12.8 \times H)^{0.5}$$
$$= 0.618\sqrt{H} \quad [\mathrm{m^3/min}]$$

h. 測定限界流量

裕度限界レイノルズ数が $Re_T=1.41\times10^5$ であるからこの流量計の最小測定流量は，

$$Q_{\min}=0.25\times\frac{1.41}{2.11}=0.17\text{m}^3/\text{min}$$

i．圧力損失

$$(p_1-p_3)=983\times0.544\times0.2958^{-2}\times\frac{1}{2}\times\left(\frac{41.7}{22}\right)^2$$
$$=11\text{kPa}$$

7-4. 流量調節弁の大きさ

計算例の流量調節弁を容量係数によって選定する。

（1）容量係数 C_V

$$C_V=694Q\left(\frac{\rho}{\varDelta P_V}\right)^{0.5}\left[\frac{\text{US gal/min}}{1(\text{lbf/in}^2)^{0.5}}\right]$$

ここで，

$Q[\text{m}^3/\text{min}]$：流量
$\rho[\text{kg/m}^3]$：流体の密度
$\varDelta P_V[\text{Pa}]$：弁の圧力損失

この弁の圧力損失 $\varDelta P_V$ は，その配管系の他の圧力損失 $\varDelta P$ によって，つぎの式が成立する範囲内とする。

$$\frac{\varDelta P_V}{\varDelta P_V+\varDelta P}=0.3\sim0.5$$

計算した容量係数を (1.25～2.0) 倍して，調節弁製作者が公表している**表 29** の C_V 値から弁の呼び径を選定する。

（2）計算例

a．配管系の他の圧力損失 $\varDelta P$

図7のポンプ・熱水槽間の配管系について求める。

○管摩擦損失
　ポンプ・熱交換器間　20.5×983＝20.2kPa
　熱交換器・熱水槽間　10.3×965＝ 9.9
○オリフィス計圧力損失　　　　　　　11.0
○熱交換器圧力損失　　　　　　　　　20.0
　　　　　　　　　　　　　　　　$\varDelta P$＝61.1kPa

b．調節弁の圧力損失 $\varDelta P_V$

$$\frac{\varDelta P_V}{\varDelta P_V+\varDelta P}=0.4 \text{ として，}$$

$$\Delta P_v = \frac{0.4}{0.6} \times 61.1 = 40.7 \text{kPa}$$

c. 容量係数

$$C_v = 694 \times 0.25 \times \left(\frac{965}{40700}\right)^{0.5} = 26.7$$

d. 弁 C_v 値 $26.7 \times (1.25 \sim 2.0) = 33 \sim 53$

表29より流量調節弁の呼び径は2Bとする。

8. 配管の支持

配管の架設支持では，管の荷重によるたわみ，熱膨張の制御，振動の緩和を検討して支持内容を定める。

8-1. 支持点

配管の支持点は，管の末端，弁や垂直管の荷重が集中する所，ならびに曲り部を原則としている。

水平管では，液溜りの支障がなく，外観的にもたわみの目立たない間隔を選定しているが，数値的にはつぎの両端支持ばり (Simple Beam：単純ばり) の等分布荷重の式で (表31)，管の曲げ応力が $\sigma = 9.8$ MPa，たわみが $\delta = 2.5$ mm 程度になる間隔 l に定めている。

反力 $R_1 = R_2 = \frac{1}{2}(w \cdot l)$ 〔N〕

曲げ応力 $\sigma = \frac{M}{Z} = \frac{wl^2}{8Z}$ 〔Pa〕

たわみ $\delta = \frac{5}{384} \cdot \frac{w}{E} \cdot \left(\frac{l^4}{I}\right)$ 〔m〕

ここで，

 w〔N/m〕：単位荷重
 l〔m〕：水平管の支持間隔
 M〔N・m〕：曲げモーメント
 Z〔m³〕：管断面係数 (表5)
 E〔Pa〕：管の縦弾性係数 (表34)
 I〔m⁴〕：管の断面二次モーメント (表5)

一般のパイプラックではその間隔が4〜6m程度，垂直管では最上部で管の荷重をストップ形に支え，その下側の支えは管の振動

表30 管の支持間隔

呼び径	水平水道管〔m〕 保温なし	水平水道管〔m〕 保温付	水平蒸気管〔m〕	垂直管〔m〕
1 B	2.5	2.0	2.0	5
2	4.0	3.0	3.0	6
3	5.0	4.0	4.0	7
4	6.0	4.5	5.0	8
6	7.0	6.0	6.5	9
8	8.0	7.0	7.5	10
10	9.5	8.0	8.5	11
12	10.0	8.5	9.5	12
14	10.5	9.5	10.0	—

を防止する間隔に定めている。

公表されている間隔として**表30**の値が参考になる。

8-2. 支持力

配管の支持点には，配管の荷重が地表と垂直に働き，風力と地震力が地表と平行に働くものとする。

（1）配管荷重の支持力 R

つぎの力とモーメントの関係を使って求める。

（イ）支持力の合計と配管荷重の合計は等しい。

（ロ）支持力モーメントの合計と荷重モーメントの合計は等しい。

例えば，**図9**の例-1の場合では，

（イ）$R_1 + R_2 = w \cdot l + W$

（ロ）$R_1 \cdot l = w \cdot l \cdot \dfrac{l}{2} + W \cdot b$

$R_2 \cdot l = w \cdot l \cdot \dfrac{l}{2} + W \cdot a$

例-2の場合では，

（イ）$R_1 + R_2 + R_3 = w \cdot (l_1 + l_2 + l_3)$

（ロ）x 軸まわりのモーメント

54 [Ⅰ] 配 管 の 設 計

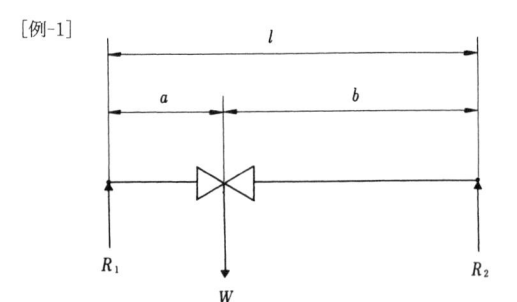

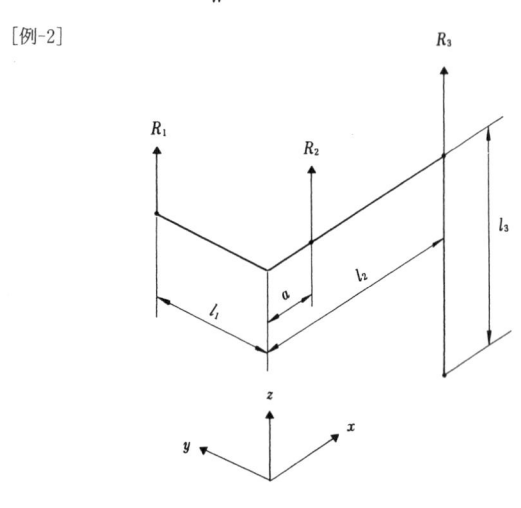

[例-1]

[例-2]

図9 支持力

$$R_1 \cdot l_1 = w \cdot l_1 \cdot \frac{l_1}{2}$$

(ハ) y 軸まわりのモーメント

$$R_2 \cdot a + R_3 \cdot l_2 = w \cdot l_2 \cdot \frac{l_2}{2} + w \cdot l_3 \times l_2$$

$$R_2(l_2 - a) + R_1 \cdot l_2 = w \cdot l_2 \cdot \frac{l_2}{2} + w \cdot l_1 \cdot l_2$$

8. 配管の支持

表31 はりのモーメント(1)

はりの形	反 力	曲げモーメント	たわみ
片持ばり（集中荷重 W、長さ l）	$R = W$	$M = W \cdot l$	$\delta = \dfrac{W \cdot l^3}{3EI}$
片持ばり（等分布荷重 w、長さ l）	$R = w \cdot l$	$M = \dfrac{w \cdot l^2}{2}$	$\delta = \dfrac{w \cdot l^4}{8EI}$
両端支持ばり（集中荷重 W、a、b）	$R_1 = \dfrac{W \cdot b}{l}$ $R_2 = \dfrac{W \cdot a}{l}$	$M = \dfrac{W \cdot a \cdot b}{l}$	$\delta = \dfrac{W \cdot a^2 \cdot b^2}{3EIl}$
両端支持ばり（等分布荷重 w）	$R_1 = R_2 = \dfrac{w \cdot l}{2}$	$M = \dfrac{w \cdot l^2}{8}$ （中央）	$\delta = \dfrac{5w \cdot l^4}{384EI}$ （中央）

56 [I] 配管の設計

表31 はりのモーメント(2)

はりの形	反　力	曲げモーメント	たわみ
両端固定ばり （集中荷重 W、左端から a、右端から b、R_1 と R_2 両端固定、M_1, M_3, M_2）	$R_1=\dfrac{W\cdot b^2}{l^3}(3a+b)$ $R_2=\dfrac{W\cdot a^2}{l^3}(a+3b)$	$M_1=\dfrac{W\cdot a\cdot b^2}{l^2}$ $M_2=\dfrac{W\cdot a^2\cdot b}{l^2}$ $M_3=\dfrac{2W\cdot a^2\cdot b^2}{l^3}$	$\delta=\dfrac{W\cdot a^3\cdot b^3}{3EIl^3}$
（等分布荷重 w、両端固定）	$R_1=R_2=\dfrac{w\cdot l}{12}$	$M=\dfrac{w\cdot l^2}{12}$ （両端）	$\delta=\dfrac{w\cdot l^4}{384EI}$ （中央）
支持-固定ばり （集中荷重 W、左端支持、右端固定）	$R_1=\dfrac{W\cdot b^2}{2l^3}(3a+2b)$ $R_2=\dfrac{W\cdot a}{2l^3}$ $\times(2a^2+6a\cdot b+3b^2)$	$M_2=\dfrac{W\cdot a\cdot b}{2l^2}$ $\times(2a+b)$ $M_3=\dfrac{W\cdot a\cdot b^2}{2l^3}$ $\times(3a+2b)$	$\delta=\dfrac{W\cdot a^2\cdot b^3}{12EIl^3}$ $\times(4a+3b)$
（等分布荷重 w、左端支持、右端固定）	$R_1=\dfrac{3}{8}w\cdot l$ $R_2=\dfrac{5}{8}w\cdot l$	$M=\dfrac{w\cdot l^2}{8}$ （R_2 点）	$\delta=\dfrac{w\cdot l^4}{184.6EI}$ （R_1 点から $0.42l$）

8. 配管の支持 57

表 31 はりのモーメント(3)

はりの形	反　力	曲げモーメント
三 角 形	$R_2 = R_3 = \dfrac{W}{2}$ $F_t = \dfrac{W}{\tan\alpha}$ $F_c = \dfrac{W}{\sin\alpha}$	
	$k = \dfrac{I_b \cdot h}{I_h \cdot l}$ $R_1 = \left(\dfrac{8+5k}{1+k}\right) \cdot \dfrac{W}{16}$ $R_2 = \left(\dfrac{8+11k}{1+k}\right) \cdot \dfrac{W}{16}$ $R_3 = R_1$ $F_c = \dfrac{R_1}{\sin\alpha}$	$M_1 = \left(\dfrac{1}{1+k}\right) \cdot \dfrac{Wl}{8}$ $M_2 = \left(\dfrac{2+3k}{1+k}\right) \cdot \dfrac{Wl}{16}$ $M_3 = \left(\dfrac{4+5k}{1+k}\right) \cdot \dfrac{Wl}{32}$ $M_4 = \dfrac{1}{2} M_1$

58 [I] 配管の設計

表31 はりのモーメント(4)

はりの形	反　力	曲げモーメント
門　形	$k=\dfrac{I_b \cdot h}{I_h \cdot l}$ $R_1=R_2=\dfrac{W}{2}$ $H=\dfrac{3}{2+k}\cdot\dfrac{W\cdot l}{8h}$	$M_1=M_2$ $\quad=\dfrac{1}{(2+k)}\cdot\dfrac{Wl}{4}$ $M_3=\dfrac{(1+k)}{(2+k)}\cdot\dfrac{Wl}{4}$ $M_4=M_5=\dfrac{1}{2}(M_1)$
	$k=\dfrac{I_b\cdot h}{I_h\cdot l}$ $H=\dfrac{P}{2}$ $R=\pm\dfrac{3k}{(1+6k)}\cdot\dfrac{P\cdot h}{l}$	$M_1=M_2$ $\quad=\dfrac{3k}{(1+6k)}\cdot\dfrac{P\cdot h}{2}$ $M_3=M_4$ $\quad=\left(\dfrac{1+3k}{1+6k}\right)\cdot\dfrac{P\cdot h}{2}$

表31 はりのモーメント(5)

はりの形	反　力	曲げモーメント
L 形 （図）	$k = \dfrac{I_b \cdot h}{I_h \cdot l}$ $R_1 = \left(\dfrac{8+5k}{1+k}\right) \cdot \dfrac{W}{16}$ $R_2 = \left(\dfrac{8+11k}{1+k}\right) \cdot \dfrac{W}{16}$ $H = \left(\dfrac{3}{1+k}\right) \cdot \dfrac{Wl}{16h}$	$M_1 = \left(\dfrac{1}{1+k}\right) \cdot \dfrac{Wl}{8}$ $M_2 = \left(\dfrac{2+3k}{1+k}\right) \cdot \dfrac{Wl}{16}$ $M_3 = \left(\dfrac{4+5k}{1+k}\right) \cdot \dfrac{Wl}{32}$ $M_4 = \dfrac{1}{2} \cdot M_1$
Uボルト （図）	$R_1 = R_2 = \dfrac{W}{2}$	$M = 0.324\ D \cdot P$ (両端固定ばりとして)

ここで,
　　R [N]：支持力
　w [N/m]：単位荷重
　a, b, l [m]：管の長さ
　　W [N]：弁の荷重
これらの連立方程式を解いて支持力 R を求める。
(2) 風力 F_W と地震力 F_E
(イ) 風力 F_W は，まず管の高さ h [m] からつぎの式で速度圧

表32 形鋼の寸法と性能

形鋼の寸法〔mm〕		単位質量〔kg/m〕	断面積 A〔cm²〕	断面二次モーメント〔cm⁴〕		断面係数〔cm³〕	
				I_x	I_y	Z_x	Z_y
丸棒	10	0.617	0.7854	0.0491		0.0982	
	12	0.888	1.131	0.1018		0.1696	
	16	1.58	2.011	0.3217		0.4021	
	20	2.47	3.142	0.7854		0.7854	
	22	2.98	3.801	1.1499		1.045	
	24	3.55	4.524	1.6286		1.357	
平鋼	4.5×32	1.13	1.440	1.23	0.02	0.77	0.11
	4.5×38	1.34	1.710	2.06	0.03	1.08	0.13
	6.0×50	2.36	3.000	6.25	0.09	2.50	0.30
	9.0×50	3.53	4.500	9.38	0.30	3.75	0.68
	9.0×75	5.30	6.750	31.6	0.45	8.44	1.01
	12.0×75	7.06	9.000	42.2	1.08	11.3	1.80
等辺山形鋼	40× 40× 5	2.95	3.755	5.42		1.91	
	50× 50× 6	4.43	5.644	12.6		3.55	
	65× 65× 6	5.91	7.527	29.4		6.27	
	75× 75× 9	9.96	12.69	64.4		12.1	
	100×100×10	14.9	19.00	175		24.4	
みぞ形鋼	100×50×5	9.36	11.92	189	26.9	37.8	7.82
	125×65×6	13.4	17.11	425	65.5	68.0	14.4
	150×75×9	24.0	30.59	1,050	147	140	28.3
	200×90×8	30.3	38.65	2,490	286	249	45.9
H形鋼	100×100×6	17.2	21.90	383	134	76.5	26.7
	125×125×6.5	23.8	30.31	847	293	136	47.0
	150×150×7	31.5	40.14	1,640	563	219	75.1
	200×200×8	49.9	63.53	4,720	1,600	472	160
角形鋼管	100×100×6	17.0	21.63	311		62.3	
	125×125×6	21.7	27.63	641		103	
	150×150×9	38.2	48.67	1,580		210	
	200×200×12	67.9	86.53	4,980		498	

表33 鋼材（SS 400）の許容圧縮応力度 f_c

λ	f_c	λ	f_c	λ	f_c	λ	f_c
5	157	70	118	135	51.5	200	23.4
10	156	75	113	140	47.9	205	22.4
15	155	80	108	145	44.6	210	21.3
20	153	85	103	150	41.7	215	20.3
25	151	90	97.3	155	39.0	220	19.4
30	149	95	91.9	160	36.7	225	18.5
35	146	100	86.6	165	34.4	230	17.8
40	143	105	81.2	170	32.5	235	17.0
45	139	110	75.8	175	30.6	240	16.3
50	135	115	70.5	180	28.9	245	15.6
55	131	120	65.1	185	27.5	250	15.0
60	127	125	60.0	190	26.0		
65	123	130	55.5	195	24.7		

・f_c〔MPa＝N/mm²〕：許容圧縮応力度

・$\lambda = l \times \left(\dfrac{A}{I}\right)^{0.5}$ 〔-〕：細長比

  l〔cm〕：長さ，A〔cm²〕：断面積，I〔cm⁴〕：断面二次モーメント

q〔Pa〕を算出する．

  $q = 588 \times \sqrt{h}$ 〔Pa〕

  $h \leq 30$ 〔m〕

この速度圧 q が円管に作用するときの風力係数は $C=0.7$，風の当たる面積は管の外径 D〔m〕と長さ l〔m〕で表わし，つぎの式から風力 F_W を求める．

  $F_W = D \cdot l \times 0.7 \times 588 \times \sqrt{h} = D \cdot l \times 412\sqrt{h}$ 〔N〕

（ロ）設計静的水平地震力 F_E は，可燃性高圧ガスと毒性ガス以外の配管をつぎの式で算出する．

  $F_E = 0.3 \times (w \cdot l)$ 〔N〕

この風力 F_W と地震力 F_E の和を配管荷重と同様に計算すれば支持点に働く水平方向の支持力が得られる．

8-3. 支持装置

配管を架設する支持装置には機能別の名称があり，配管を吊り下げるハンガ (hanger) とか，下から支えるサポート (support) には，支持点が変位しないリジットハンガ (rigid hanger)，変位に比例して支持力の変わるスプリングハンガ (spring hanger)，変位しても支持力が変わらないバランスウェイト式などのコンス

表34 線膨張係数 α と縦弾性係数 E

温度 [°C]	CS, CMo, (0.5～3) CrMo				(5～9) CrMo		18 Cr・8 Ni	
	$\alpha \times 10^6$ [°C^{-1}]	E [kN/mm²]			$\alpha \times 10^6$ [°C^{-1}]	E [kN/mm²]	$\alpha \times 10^6$ [°C^{-1}]	E [kN/mm²]
		CS	CMo	CrMo				
−198							14.67	−
−180							14.82	208
−160							14.99	207
−140							15.16	206
−120							15.33	205
−100							15.49	203
− 80							15.67	201
− 60	10.29	207	205	209			15.89	199
− 40	10.48	206	204	208			16.05	198
− 20	10.61	205	203	207			16.15	197
0	10.75	204	202	206	10.14	214	16.27	196
20	10.92	203	201	205			16.39	195
40	11.05	202	200	204			16.50	194
60	11.21	200	198	202			16.61	192
80	11.36	199	197	201			16.73	191
100	11.53	198	196	200	10.91	207	16.84	190
120	11.67	197	195	198			16.93	188
140	11.81	196	194	197			17.01	187
160	11.98	194	192	195			17.09	186
180	12.10	192	190	194			17.17	185
200	12.24	191	189	193	11.39	200	17.25	183

タントハンガ (constant hanger) の名称で呼ばれているものがある。

つぎに熱膨張による管の移動を制御するレストレイント (restraint) には，管を固定するアンカー (Anchor)，一方向の変位を止めるストップ (stop) と変位の方向を案内するガイド (guide) がある。

さらに，風や地震による管の振動を緩和するブレイス (brace) にはショックアブソーバ (shock absorber) がある。

220	12.38	190	188	192			17.32	181
240	12.51	189	187	191			17.39	180
260	12.64	188	186	189			17.46	178
280	12.77	187	185	188			17.54	177
300	12.90	186	184	187	11.91	194	17.62	175
320	13.04	183	181	185			17.69	174
340	13.17	180	179	184			17.76	173
360	13.31	177	176	182			17.83	172
380	13.45	174	173	181			17.89	170
400	13.58	171	170	179	12.39	184	17.99	169
420	13.72	168	166	176	12.49	181	18.06	167
440	13.86	164	162	175	12.60	178	18.14	165
460	13.98	160	158	173	12.68	174	18.21	164
480	14.10	155	153	171	12.77	171	18.28	162
500	14.19	150	148	169	12.85	166	18.36	160
520	14.28	145	143	167	12.93	161	18.45	158
540	14.36	140	138	164	13.00	156	18.53	157
560							18.60	155
580							18.67	153
600							18.72	152

- CS　　　　　　　　炭素鋼鋼管　　　SGP, STPG, STS, STPT
- CMo　　　　　　　Mo 鋼鋼管　　　　STPA 12
- (0.5〜3) CrMo　　CrMo 鋼鋼管　　　STPA 20, 22, 23, 24
- (5〜9) CrMo　　　CrMo 鋼鋼管　　　STPA 25, 26
- 18 Cr 8 Ni　　　　ステンレス鋼鋼管　SUS 304 TP

また，保温管の支持では，管に鉄板製のシュー（shoe）を取付けて保温材を保護し，保冷管では支持部に強度の強い保冷材を使って管の移動を可能にしている。

これらの支持装置には，現場の状況に合わせた各種の形式があって，その基本的な構造を整理すると，**表 31** に示すものが多い。

この構造物を製作するには，配管の荷重 W [N] から材料に働く反力 R [N]，引張力 F_t [N]，圧縮力 F_c [N]，ならびにモーメント M [N・m] を求め，**表 32** のような型鋼の断面積 A [m²]，断面係数 Z [m³] を使い，つぎの式で各応力 σ [Pa] を計算し，この値が材料の許容応力 σ_a [Pa] 以下になる型鋼を選定して製作する。

曲げ応力　　　$\sigma_b = \dfrac{M}{Z} \leqq \sigma_a$

引張り応力　　$\sigma_t = \dfrac{F_t}{A} \leqq \sigma_a$

柱圧縮応力　　$\sigma_c = \dfrac{F_c}{A} \leqq f_c$

曲げと圧縮　　$\dfrac{\sigma_b}{\sigma_a} + \dfrac{\sigma_c}{f_c} \leqq 1$

型鋼の許容応力 σ_a は，JIS G 3101 一般構造用圧延鋼材 SS 400 の場合が，使用温度範囲 0～350℃，許容引張応力 $\sigma_a = 100$ N/mm² $=$ MPa，許容剪断応力 $\tau_a = 80$ N/mm² である。

建築関係では SS 400 の板厚さ 40mm 以下の場合は，許容引張応力 σ_t（＝曲げ応力 σ_b）$= 157$ N/mm²，許容剪断応力 $\tau_a = 90$ N/mm²，柱材の許容圧縮応力度 f_c が**表 33** の値である。

9. 配管の熱応力

直管の両端を固定して，熱い流体を流すと熱膨張による熱応力が発生し，固定点（アンカー）にはつぎの反力が作用する。

伸び　　$\varDelta l = \alpha_T (T - t) \cdot l$ 〔m〕

ひずみ　$\dfrac{\varDelta l}{l} = \alpha_T (T - t)$ 〔－〕

熱応力　$\sigma = \dfrac{\varDelta l}{l} \cdot E_T$

　　　　$= \alpha_T (T - t) \cdot E_T$ 〔Pa〕

反力　　$F = \sigma \cdot A$ 〔N〕

ここで,
- $\alpha_T [\text{°C}^{-1}]$：温度 T の線膨張係数 (**表34**)
- $T[\text{°C}]$：最高使用温度
- $t[\text{°C}]$：配管施工時の気温
- $l[\text{m}]$：管の固定間長さ
- $E_T[\text{Pa}]$：温度 T の縦弾性係数 (表34)
- $A[\text{m}^2]$：管材の断面積

この反力をベローズ形とか，U字形の伸縮管継手を使って吸収する。

9-1. ベローズ形伸縮管継手

管の熱膨張をステンレス製のベローズで吸収する伸縮管継手で，JIS B 2352 には使用温度220°C，使用圧力0.98MPa以下の飽和蒸気，空気，ガスならびに水に使用する溶接形とフランジ形の大きさが定めてある。

取付数とか反力はつぎの式で計算する。

取付数
$$n = \frac{\Delta l}{\delta}$$

取付面間長さ
$$L_s = L_1 - \Delta l \times \left(\frac{t' - t}{T - t} \right)$$

直管部アンカー反力
$$F_s = A_c \cdot P + k \cdot \Delta l$$

曲管部流体慣性反力
$$F_f = 2\rho A V^2 \cdot \sin\left(\frac{\theta}{2}\right)$$

曲管部アンカー反力
$$F_b = 2F_s \cdot \sin\left(\frac{\theta}{2}\right) + F_f$$

ここで,
- $\delta[\text{m}]$：継手の最大伸縮長さ
- $L_1[\text{m}]$：継手の使用最大長さ
- $t'[\text{°C}]$：継手取付時の気温
- $A_c[\text{m}^2]$：ベローズ有効断面積
- $P[\text{Pa}]$：流体圧力

66 [Ⅰ] 配 管 の 設 計

表35 ベローズ形伸縮管継手

呼び径 (B)	全長 〔mm〕	ベローズ 山数	伸縮量 〔mm〕	反力 〔N/mm〕	有効断面積 〔cm²〕	最大径 〔mm〕	質量 〔kg〕
2	535	15	34.7	45	45.4	□160	49
2½	580	15	48.4	34	70.9	190	58
3	655	15	56.5	49	97.5	220	65
4	655	15	56.5	60	147.4	240	74
5	685	11	54.0	127	229.7	280	97
6	640	8	72.8	80	353.0	□310	117
8	660	8	72.8	103	572.6	360	134
10	710	7	74.8	149	754.8	410	180
12	730	7	74.8	174	1017.9	460	221
14	750	7	74.8	195	1288.3	500	275

・構造は単式,呼び圧力 10 K
・反力はベローズバネ定数〔N/mm〕
・質量にはフランジを含まない
・この表は製作者のカタログ値である

k〔N/m〕:ベローズのバネ定数(反力)
ρ〔kg/m³〕:流体密度
V〔m/s〕:流体の管内流速
θ〔度〕:管の曲り角

この伸縮管継手は管の軸方向の伸縮を吸収するもので,固定点(アンカー)の近くに取り付け,正しく伸縮するように配管の芯を出し,配管の荷重や曲げ荷重がこの継手に働かないようにガイドを設け,その第1ガイドは継手に接近した位置(≒4×管外径)とする。

[計算例]

管 SGP-4B を長さ 30m に固定し,0.2MPa の飽和水蒸気(温度 120°C)を流速 20m/s で流しているときの熱膨張を**表35**のベローズ形伸縮管継手で吸収する。

伸び $\quad \Delta l = 11.67 \times 10^{-6} \times (120-20) \times 30$
$\qquad\quad = 0.035$m

熱応力 $\sigma = \left(\dfrac{0.035}{30}\right) \times 197 = 0.23 \text{kN/mm}^2$

反力 $F = 0.23 \times 1,550 = 357 \text{kN}$

この反力を表35の呼び径4Bの伸縮管継手で吸収するときは，

取付数 $n = \dfrac{35}{56.5} = 0.62 \rightarrow 1$ 個

取付面間長さ

$$L_s = 655 - 35 \times \left(\dfrac{30 - 20}{120 - 20}\right) = 651.5 \text{mm}$$

直管部アンカー反力

$F_s = 147.4 \times 10^{-4} \times 0.2 \times 10^6 + 60 \times 35$
  $= 5,048 \text{N}$

90°エルボ部の流体慣性反力

$F_f = 2 \times 1.1 \times 87.1 \times 10^{-4} \times 20^2 \times \sin 45$
  $= 5.4 \text{N}$

90°エルボ部のアンカー反力

$F_b = 2 \times 5,048 \times \sin 45 + 5.4 = 7,144 \text{N}$

このように伸縮管継手を取り付けてもアンカーには反力が作用するから，アンカー間にはつなぎ部材を取り付け，部材の引張力でこの反力を吸収することになる。

9-2. U字形伸縮管継手

管継手のエルボと直管を使ってU字形に成形した伸縮管継手で，管と同じ温度，圧力に使用できるためパイプラックなどの配管に使われている。

この継手の反力は，エルボのたわみ性，応力集中，さらには変形まで考慮した複雑な計算を行うためにコンピュータを使って求めている。

一般に使用される形状について詳細計算した結果がつぎの簡易式として整理されている。

$F = BTMCKQL \div 30$ 〔N〕

ここで，

F〔N〕：アンカー反力
B〔N〕：反力（**表36**）
T〔-〕：温度 t〔℃〕修正係数

68 [I] 配管の設計

表36 U字形伸縮管継手の反力

呼び径(B)	形状	H (m)	W (m)	G (m)	B (N)	形状	h (m)	H (m)	W (m)	G (m)	B (N)	管厚修正係数 K SGP / Sch40	Sch80 / Sch160
2		2	1~3	8~12	529		0.5	1.5	1~3	8~12	578	0.650 / 0.674	1.00 / 1.48
		3	1~3	8~12	206		0.5	2.5	1~3	8~12	206		
		4	1~3	8~12	108		0.5	3.5	1~3	8~12	98		
3		2	1~3	8~12	2,381		0.5	1.5	1~3	8~12	2,479	0.522 / 0.720	1.00 / 1.37
		3	1~3	8~12	911		0.5	2.5	1~3	8~12	862		
		4	1~3	8~12	480		0.5	3.5	1~3	8~12	412		
4		2	1~3	8~12	5,292		0.5	1.5	1~3	8~12	5,655	0.492 / 0.692	1.00 / 1.46
		3	1~3	8~12	2,029		0.5	2.5	1~3	8~12	1,980		

9. 配管の熱応力 **69**

6	4	1~3	8~12	1,058	1.0	3.0	1~3	8~12	1,147	0.430	1.00
	5	2~4	8~12	647	1.0	4.0	1~3	8~12	627	0.643	1.52
8	2	1~3	8~12	19,012	0.5	1.5	1~3	8~12	19,727		
	3	1~3	8~12	7,281	0.5	2.5	1~3	8~12	6,938		
	4	2~4	8~12	3,822	1.0	3.0	1~3	8~12	4,077	0.438	1.00
	5	2~4	8~12	2,303	1.0	4.0	1~3	8~12	2,254	0.648	1.64
10	3	1~3	8~12	17,346	1.0	2.0	1~3	8~12	20,257		
	4	1~3	8~12	9,065	1.0	3.0	1~3	8~12	9,575		
	5	2~4	8~12	5,488	1.0	4.0	1~3	8~12	5,321	0.425	1.00
	6	2~4	8~12	3,949	1.0	5.0	1~3	8~12	3,303	0.622	1.69
12	3	1~3	8~12	37,338	1.0	2.0	1~3	8~12	42,297		
	4	1~3	8~12	19,600	1.0	3.0	1~3	8~12	19,943		
	5	2~4	8~12	11,858	1.0	4.0	1~3	8~12	11,103	0.387	1.00
	6	2~4	8~12	8,526	1.0	5.0	1~3	8~12	6,909	0.597	1.70
	3	1~3	8~12	67,130	1.0	2.0	1~3	8~12	77,057		
	4	1~3	8~12	35,084	1.0	3.0	1~3	8~12	36,221		
	5	2~4	8~12	21,168	1.0	4.0	1~3	8~12	20,179	—	1.00
	6	2~4	8~12	15,239	1.0	5.0	1~3	8~12	12,564	0.594	1.68
14	3	1~3	8~12	97,020	1.2	1.8	1~3	8~12	119,462		
	4	1~3	8~12	50,960	1.2	2.8	1~3	8~12	56,791		
	5	2~4	8~12	30,772	1.2	3.8	1~3	8~12	31,468		
	6	2~4	8~12	22,148	1.2	4.8	1~3	8~12	19,473		

70 [I] 配 管 の 設 計

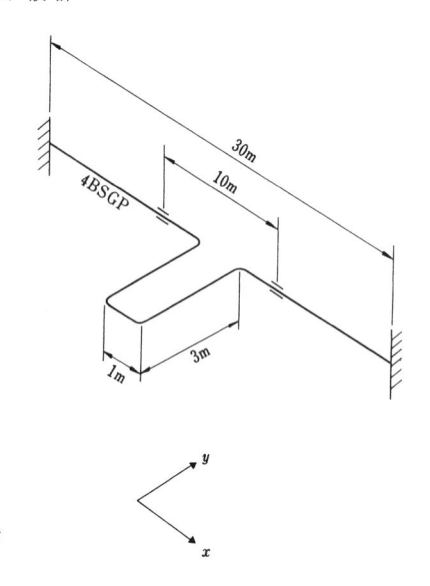

図 10 アンカー反力

$$T = 0.0057 \times t - 0.135$$

- $M[-]$：材質修正係数
  炭素鋼 $=1$，ステンレス鋼
  $=1.43$
  他は伸び率比
- $C[-]$：コールドスプリング修正係数
  $0\% = 1$, $10\% = 0.92$,
  $20\% = 0.84$, $30\% = 0.77$,
  $40 \sim 50\% = 0.69$
- $K[-]$：管厚修正係数（表 36）
- $Q[-]$：偏心修正係数
  偏心なし $=1$，あり $=1.1$
- $L[\mathrm{m}]$：アンカー間距離

9. 配管の熱応力

[計算例]

図10のU字形伸縮管継手に0.2MPaの飽和水蒸気（温度120℃）を流したときの反力を求める。

$F = 2,029 \times (0.0057 \times 120 - 0.135) \times 0.492 \times 30/30$
$= 548\text{N}$

9-3. 熱応力の判定式

配管の熱応力を求める計算は非常に複雑であるが，配管の形状が両端のみを固定し，分岐管がなく，同じ材質，呼び径で同じ管厚さの場合に，つぎの式が成立すれば熱膨張に対するたわみが十分にあって，熱応力も許容値内であり，詳細計算が必要ないという判定式である。

$$\frac{D \cdot Y}{(L-U)^2} \leq 8.20$$

ここで，

D〔B〕：管の呼び径
L〔m〕：管の全長
U〔m〕：固定点間の直線長さ
Y〔mm〕：全伸縮長さ

$$Y = \{(\Delta l_x \pm \Delta x)^2 + (\Delta l_y \pm \Delta y)^2 + (\Delta l_z \pm \Delta z)^2\}^{0.5}$$

$\Delta l_x, \Delta l_y, \Delta l_z$ は x, y, z 軸方向の熱膨張の長さ〔mm〕

$\Delta x, \Delta y, \Delta z$ は x, y, z 軸方向の固定点の変位〔mm〕で，管の熱膨張方向と変位の方向が同方向なら（−），反対方向なら（＋）とする。

[計算例-1]

図10の配管で最高使用温度 $T = 120℃$，配管施工時の気温 $t = 20℃$ としてその熱応力を判定する。

$D = 4\text{B}$
$L = 30 + 3 \times 2 = 36\text{m}$
$U = 30\text{m}$
$\Delta l_x = 11.67 \times 10^{-6} \times (120 - 20) \times 30$
$= 0.035\text{m} = 35\text{mm}$
$\Delta l_y = 35 \times (3 \div 30) = 3.5\text{mm}$

72 [Ⅰ] 配 管 の 設 計

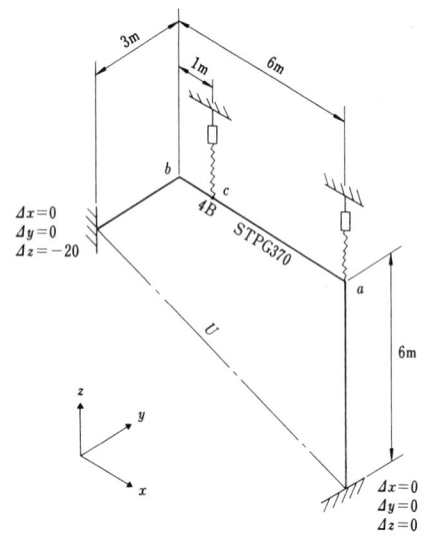

図11 熱応力の判定

$Y = (35^2 + 3.5^2)^{0.5} = 35.2\text{mm}$

∴ $\dfrac{4 \times 35.2}{(36-30)^2} = 3.9 < 8.20$

したがって，この配管は十分なたわみ性をもち，熱応力が許容値内であるから使用できる。しかし，この判定式では配管の固定点に働く反力とか応力は求まらない。

[計算例-2]

図11の配管で最高使用温度 $T = 300°\text{C}$，配管施工時の気温 $t = 20°\text{C}$ としてその熱応力を判定する。

$D = 4\text{B}$

$L = 15\text{m}$

$U = (3^2 + 6^2 + 6^2)^{0.5} = 9\text{m}$

$\Delta l_x = 12.9 \times 10^{-6} \times (300 - 20) \times 6 = 0.0217\text{m}$

　　$= 21.7\text{mm}$

$\varDelta l_y = 10.8$mm, $\varDelta l_z = 21.7$mm

$Y = \{21.7^2 + 10.8^2 + (21.7+20)^2\}^{0.5} = 48.2$mm

$\therefore \dfrac{4 \times 48.2}{(15-9)^2} = 5.36 < 8.20$

　この配管は十分なたわみ性をもっているが，配管の支持が両端固定点の 2 箇所のみでは不安定であるから，途中にも支持点を設けるが熱膨張を拘束できないので，x，y，z 方向にたわみ性をもった吊り下げ形のスプリングハンガで支持する。このとき x 軸方向の伸び 21.7mm による支持点の変位は，その両端に付いている管の長さに比例配分して求める。

a 点変位　$21.7 \times \dfrac{6}{3+6} = 14.5$mm

b 点変位　$21.7 \times \dfrac{3}{3+6} = 7.2$mm

c 点変位　$\left(7.2 \times \dfrac{5}{6}\right) - \left(14.5 \times \dfrac{1}{6}\right) = 3.6$mm

　この判定式から分かることは，分母の値 $(L-U)$ を大きくすればたわみ性をもたせることができるので，固定点間にエルボを多く使えば熱応力の危険を防ぐことができる。例えば，本管と枝管の接続点に過大な熱応力が発生するときは，枝管の形状を直線形でなく，エルボを使った U 字形にすれば接続点の変位を吸収することができる。

10. 配管の振動

　配管が振動すると，ねじ部の緩みや配管の破壊という事故が発生することもある。

　この振動の原因には，流体の脈動と外部からの機械的振動がある。

10-1. 流体の脈動

　配管の曲り部や断面積の変化する所では**図 12** に示すような力が常に作用している。

（1）圧力の反力

　流体の圧力 P[Pa] が管断面積 A[m^2] に働き，その反力 PA[N] が角度 θ の曲り部に合力 F_b となって作用する。

[I] 配管の設計

(1) 圧力の反力

$$F_b = 2PA\sin\left(\frac{\theta}{2}\right)$$

(2) 流れの方向変化

$$F_f = 2\rho AV^2 \sin\left(\frac{\theta}{2}\right)$$

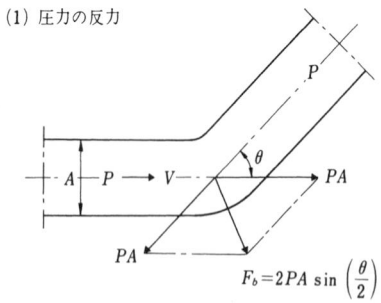

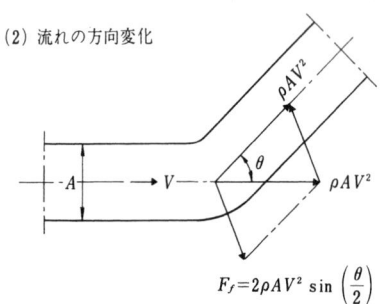

(3) 断面積の変化

$$F_m = \rho AV(v-V)$$

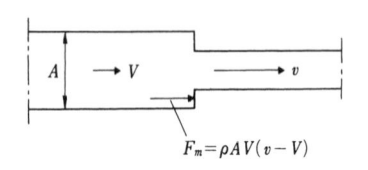

図12 流体からの力

$$F_b = 2PA\cdot\sin\left(\frac{\theta}{2}\right) \ [\text{N}]$$

(2) 流れの方向変化

流れる流体がもっている慣性力 ρAV^2 には,管の曲り部で方向

を変える力が働きその反力 F_f が曲り部に作用する。

$$F_f = 2 \cdot \rho A V^2 \cdot \sin\left(\frac{\theta}{2}\right) \;\; [\mathrm{N}]$$

ここで，

$\rho [\mathrm{kg/m^3}]$：流体の密度

$V [\mathrm{m/s}]$：管内流速

(3) 断面積の変化

管の断面積が変化する部分では，流体の速度変化 ($V \to v$) による単位時間内の運動量変化が力 F_m になって管に作用する。

$$F_m = \rho A V (v - V) \;\; [\mathrm{N}]$$

このように安定して流れる場合でも管の曲り部や断面積の変化する部分では，流体からの力が常に作用している。この流体の流れが脈動を起こすと，これらの力が衝撃的に作用して管の振動が起こる。

脈動流というのは，液体の一部が蒸発して気液の混相流として流れるとき，送風機のサージング現象，ポンプによる脈動流とかキャビテーションあるいは弁を急速閉止したときに起こるウォーターハンマーなどである。

この振動対策としては，振動源をなくすこと，配管の曲り部や断面積の変化部には支持力の強いアンカーを設けたり，ショクアブソーバを取付け，さらには脈動の振動数と配管の固有振動数の共鳴を避けることである。

つぎに配管に風が当たると，その下流にカルマン渦が発生し管が振動することもある。この振動を防ぐにはつぎのストローハル数 (Strouhal number) Sr から求まるカルマン渦の発生数 $N [\mathrm{S^{-1}}]$ と配管の固有振動数の共鳴を避けることである。

$$Sr = \frac{N \cdot D}{V} = 0.21 \quad \left[\frac{DV\rho}{\eta} = 10^3 \sim 10^4\right]$$

ここで，

$D [\mathrm{m}]$：管外径

$V [\mathrm{m/s}]$：風速

$\rho [\mathrm{kg/m^3}]$：空気密度

$\eta [\mathrm{Pa \cdot s}]$：空気粘度

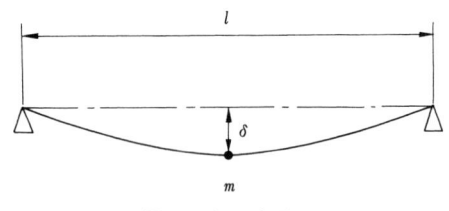

図13 重りの振動

10-2. 機械的振動

回転機械などが何らかの原因で振動を発生し,この振動が配管へ伝わるものである。その防止対策は機械の振動源を調査して取除くこと,さらには防振ゴムとかフレキシブルチューブのような振動絶縁体を,機械と配管の間に取付けることである。

10-3. 管の固有振動数 f

長さ l [m] のはりの中央に質量 m [kg] の重りを付け,たわみが δ [m] である図13のような両端支持ばりの固有振動数 f を簡単に求めるには,はりがバネ定数 k [N/m] のみをもち,はりの重さが無視できる場合で,この時の力関係は質量による力とバネによる力が反対方向で釣合っているから,時間を t [s] として表わせば,

$$k = \frac{m \cdot g}{\delta} \quad [\text{N/m}]$$

$$m \cdot \frac{d^2 \delta}{dt^2} = -k \cdot \delta \quad [\text{N}]$$

$$\therefore \quad \frac{d^2 \delta}{dt^2} + \left(\frac{k}{m}\right)\delta = 0$$

この式のたわみ δ と時間 t の関係を表わす一般解は,

$$\delta = A \sin\left(\frac{k}{m}\right)^{0.5} \cdot t + B \cos\left(\frac{k}{m}\right)^{0.5} \cdot t$$

ここで,初期条件の $t=0$, $\delta=B$ を成立させると,

$$\delta = B \cos\left(\frac{k}{m}\right)^{0.5} \cdot t = B \cos \omega \cdot t$$

となる。この式の $\cos \omega \cdot t$ は振動を表わし,B [m] が振幅,

10. 配管の振動

ω [rad/s] は角固有振動数である。

1往復に要する時間の周期 T [s] は，cos の角度が0から 2π [rad] までの時間であるから，

$$T = \frac{2\pi}{\omega} \text{ [s]}$$

したがって，1s 当たりの往復数，すなわち固有振動数 f [Hz] は，

$$f = \frac{1}{T} = \frac{\omega}{2\pi} = \frac{1}{2\pi}\left(\frac{k}{m}\right)^{0.5} = \frac{1}{2\pi}\left(\frac{g}{\delta}\right)^{0.5}$$

この $g = 9.8 \text{m/s}^2$ は重力の加速度である。

この式のたわみ δ の値として，材料力学のつぎの式を代入すると，

$$\delta = \frac{mg \cdot l^3}{48EI}$$

$$\therefore \quad f = \frac{1}{2\pi}\left(\frac{48EI}{m \cdot l^3}\right)^{0.5}$$

この式がはりの中央に重りを付けたときの，はりのバネと重りの質量による固有振動数である。

つぎにはりの質量 m_b [kg] を考慮するには，はりの振動モードを材料力学のたわみの形に定めて計算する。

はり中央のたわみ　$\delta = \dfrac{m_b \cdot g \cdot l^3}{48EI}$

はり各位置のたわみ　$\delta' = \dfrac{m_b \cdot g \cdot l^3}{48EI}\left(\dfrac{3x}{l} - \dfrac{4x^3}{l^3}\right)$

$$= \delta\left(\frac{3x}{l} - \frac{4x^3}{l^3}\right)$$

この式の x [m] ははりの端からの長さ

このたわみをもつはりの振動を回転運動に置き換えると角固有振動数 ω [rad/s] は一定した角速度になり，はりの回転周速度は中央が $(\delta \cdot \omega)$，各位置では $(\delta' \cdot \omega)$ になる。そこではり中央の運動エネルギーが各位置の運動エネルギーの総和（積分値）に等しいとすれば，つぎの関係式が成立する。

$$\frac{1}{2}M(\delta \cdot \omega)^2 = \frac{1}{2}\int_0^l \frac{m_b}{l}(\delta' \cdot \omega)^2 dx$$

78 [I] 配管の設計

表37 管の横振動数係数 λ

支え条件と振動モード	振動数係数 λ		
	一次	二次	三次
自由-固定	1.875	4.694	7.855
両端支持	π	2π	3π
両端固定	4.730	7.853	10.996
支持-固定	3.927	7.069	10.210

$$=\frac{1}{2}\cdot\frac{m_b}{l}(\delta\cdot\omega)^2\int_0^l\left(\frac{3x}{l}-\frac{4x^3}{l^3}\right)^2dx$$
$$=\frac{1}{2}\cdot 0.486m_b(\delta\cdot\omega)^2$$

∴ $M=0.486m_b$

この M ははりの質量 m_b をはりの中央に集約した質量で，この値を重りのみの式の質量 m に加えれば，重りにはりの重さを含めたときの固有振動数 f が求まる。

$$f=\frac{1}{2\pi}\left\{\frac{48EI}{(m+0.486m_b)\cdot l^3}\right\}^{0.5} \text{〔Hz〕}$$

ここで，

E〔Pa〕：はりの縦弾性係数（**表34**）

I〔m⁴〕：はりの断面二次モーメント
（**表5**）

m〔kg〕：はり中央の重りの質量

m_b〔kg〕：はりの質量

l〔m〕：はりの長さ

一般の管が横振動するときの固有振動数 f は，管両端の支え条件とたわみの形を表わす振動モードを一次，二次，三次と定めて，はりの場合と同じ形の式で表わしている。

$$f=\frac{\lambda^2}{2\pi}\cdot\left(\frac{EI}{m_p\cdot l^3}\right)^{0.5} \text{〔Hz〕}$$

ここで，

λ〔-〕：振動数係数（**表37**）

m_p〔kg〕：管の質量

表37の両端支持で一次の場合が，先に求めたはりの振動に近い値となる。

10-4. 管内流体の固有振動数

管内の流体が圧力変動を起こさない場合（両端開）や流量変動を起こさない場合（両端閉）に，管内の流体がもつ固有振動数 f は，

$$f=\frac{a}{2l}\cdot n \text{〔Hz〕}$$

ここで，

a〔m/s〕：音速度

一般の気体が 250～400m/s 程度，液体では 1,000～1,500m/s である

l [m]：管の長さ

n [−]：振動モードの次数

そこで，管内流体の脈動の振動数がこの固有振動数に一致すると共鳴が起こる。

11. 配管図

P&I，配管材料仕様書および機器配置図と機器詳細図などを揃え，施工用の配管図を見やすく分かりやすい内容で簡単明瞭に表わす。一般に使われている配管図は，以下のようになる。

11-1. 平面図と立面図 (Plan & Elevation)

配管全体を上から見た平面図と前から見た立面図で縮尺どおりの大きさに表わす。寸法の判断ミスは少ないが，重複管があって判読が難しいこともある。長さは [mm] 単位で，原則として管中心からの長さで表わす。

11-2. 平面図と立体図 (Plan & Isometric)

平面図には重複管ができるが，立体図では重複が起こらないから判読が容易である。作図は絵画的表現のために縮尺が崩れ寸法の判断ミスが生じやすく，機器の作図が多少困難である。

11-3. 部分配管図 (Spool)

配管の一ラインあるいは一部分を取り出して工場製作用に表わした立体図とか平面図，立面図である。

この図面にはスプール番号を定め，配管は現地溶接位置 (FW) で分け，各管には上流より順にピース番号 (Piece Number) を付ける。例えば，配管に 2 箇所の FW を付けたときは上流から $\boxed{1/3}$，$\boxed{2/3}$，$\boxed{3/3}$ の記号を各管に記入する。寸法は管中心間の長さと，その長さから接続している継手の長さを差引いた管の長さをアンダーラインを付けて管の近くに記入する。さらに溶接管理用として溶接位置に番号を付けることもある。

11-4. 支持装置図

現場の支持条件に基づいてその形状を定め型鋼を使った支持装置の製作図を作図する。

11-5. 材料表

作図が終ってから各ラインナンバーごとに材料表を作成し，部品数量を記入する。

11-6. 配管図記号

JIS Z 8209 化学プラント用配管図記号ならびに JIS Z 8204 計装用記号のうちで主要な記号を**図 14** に表わす。

11-7. 溶接記号

JIS Z 3021 溶接記号のうち主要な記号を**図 15** に表わす。

11-8. 配管図の点検

配管図を作成してから点検する項目は，6. 配管径路の計画で検討した内容と P&I の内容が忠実に書かれていることであるが，さらにつぎの点にも注意すべきである。

a. 図面の縮尺，寸法記入法，配管図番号などは事前に取り決めた内容である
b. 2つの仕様にまたがる弁は上級仕様である
c. 弁のフランジと相手側フランジは仕様が等しい
d. 配管の形状が熱膨張を十分吸収できる
e. 配管の支持装置が熱膨張を拘束していない
f. 管の支持間隔は管の呼び径，重さに対して適正である
g. 支持装置による管の固定と移動が正しく機能する
h. ポンプ吸込口ではキャビテーションが起こらない
i. レジューサは同心と偏心の使い分け，取付け形状が正しい
j. 蒸気トラップや安全弁からの排出管は末端処理がなされている
k. 高粘液やスラリーなどの配管は，分解，清掃，組立の作業が容易にできる構造である
l. ポンプや機器の回りには，運転作業者の操作用空間がある。メンテナンス作業も容易にできる
m. リフト形逆止弁は水平に取り付けてある
n. 上下に重なる配管では漏れ火災を防ぐために，可燃性液の管を高温度配管の下側に芯を外して配置する
o. 運転作業者の歩行場所には配管が避けてある
p. 溶接の熱膨張と冷却収縮に対して逃げ代がある

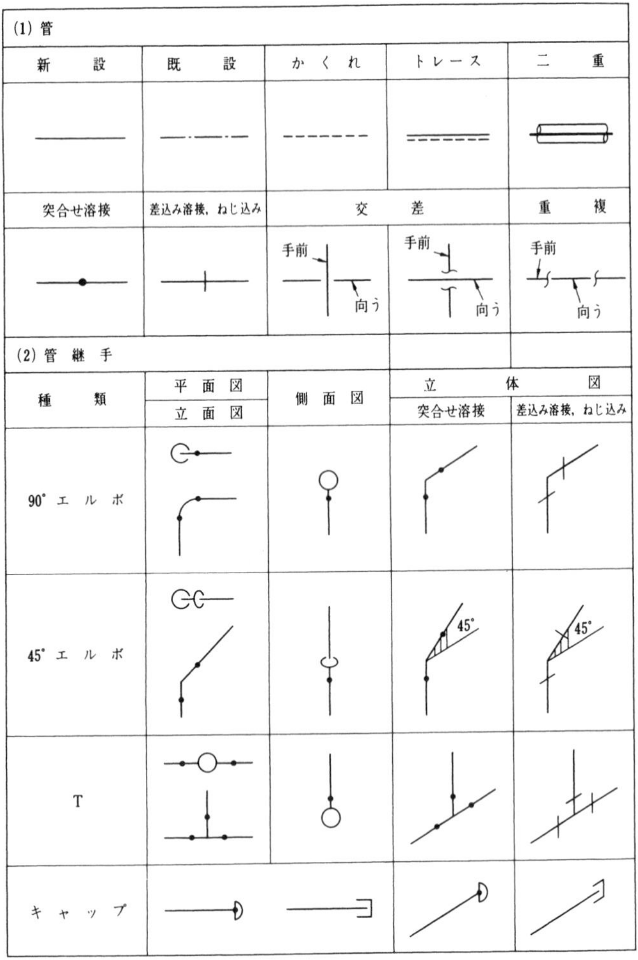

82 [I] 配管の設計

(1) 管

新　設	既　設	かくれ	トレース	二　重
———	—・—・—	------	======	

突合せ溶接	差込み溶接, ねじ込み	交　差		重　複
―●―	―┼―	手前／向う	手前／向う	手前／向う

(2) 管継手

種　類	平面図／立面図	側面図	立体図 突合せ溶接	立体図 差込み溶接, ねじ込み
90°エルボ				
45°エルボ			45°	45°
T				
キャップ				

図14　配管図記号(a)

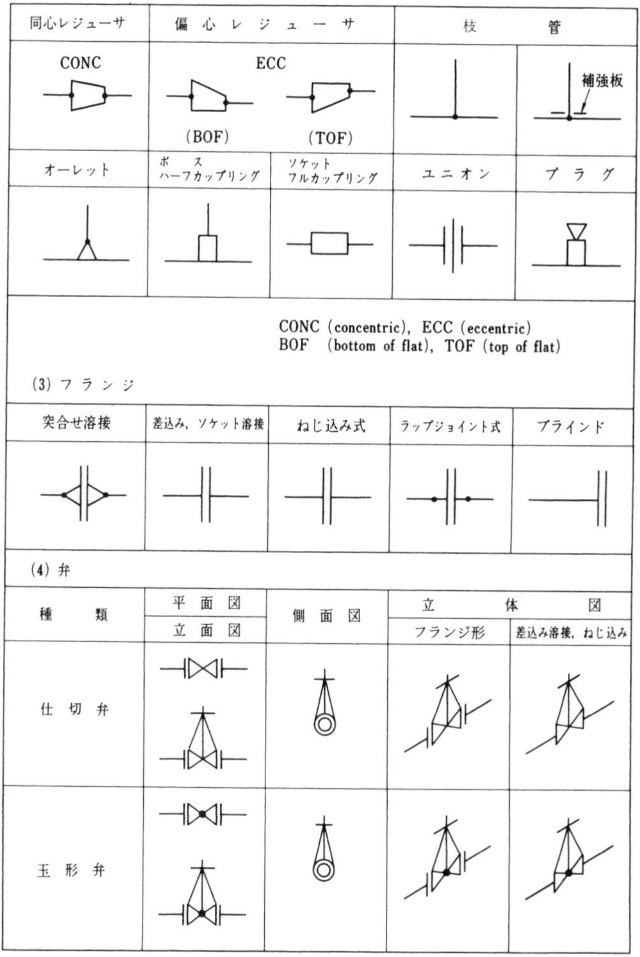

同心レジューサ	偏心レジューサ		枝	管
CONC	ECC			補強板
	(BOF)	(TOF)		
オーレット	ボス ハーフカップリング	ソケット フルカップリング	ユニオン	プラグ

CONC (concentric), ECC (eccentric)
BOF (bottom of flat), TOF (top of flat)

(3) フランジ

突合せ溶接	差込み,ソケット溶接	ねじ込み式	ラップジョイント式	ブラインド

(4) 弁

種 類	平面図 立面図	側面図	立体図 フランジ形	立体図 差込み溶接,ねじ込み
仕切弁				
玉形弁				

図14 配管図記号(b)

84 [I] 配管の設計

種 類	平 面 図 / 立 面 図	側 面 図	立 体 図 ねじ込み
プラグ弁	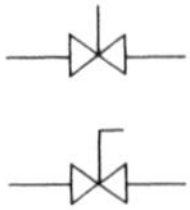		

逆 止 弁	ボール弁	バタフライ弁	安 全 弁	フート弁
	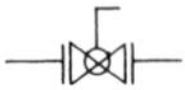	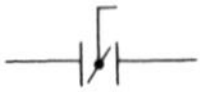 (ウェハ形)		

(5) その他の配管部品

Y形ストレーナ	ホースコネクション	スチームトラップ	ベローズ形伸縮管	スペクタクル ブラインド
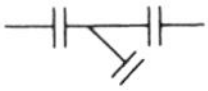		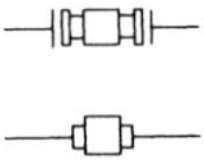		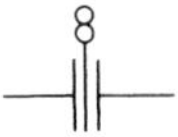

(6) 管の支持装置

種 類	平 面 図	立 面 図	立 体 図
サポート	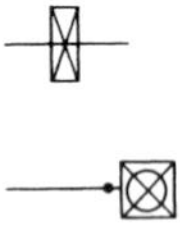	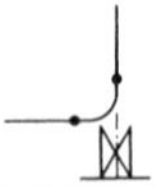	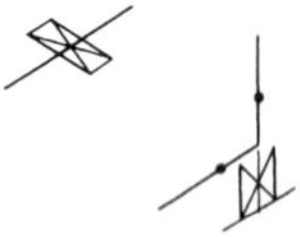
ガイド			
ストッパー			
アンカー			

図14 配管図記号(c)

11. 配管図 *85*

(7) 計装用記号

現場計器	計器室計器	コンピュータ	オリフィス計
○	⊖	⬡	 ⊢○⊣
ダイアフラム弁	電動弁	電磁弁	ピストン弁
 ⏃	 Ⓜ︎	 ▯	 ▯
電気信号線	空気圧信号線	油圧信号線	細 管
—ℓ—ℓ—ℓ—	—A—A—A—	—L—L—L—	—×—×—×—
A 警報 C 調節 F 流量	H 手動 I 指示 L レベル	P 圧力, 真空 Q 積算 R 記録	T 温度, 伝送 V 粘度 W 保護管

(8) 文字記号

EL	elevation	FW	field weld
CLE	center line elevation	SW	shop weld
BOP	bottom of pipe	CN	construction north
TOP	top of pipe	PN	plant north
TOB	top of beam	ML	match line
TOS	top of support	2/3	piece number(3番中の2番目)

(9) 寸法記号表示例

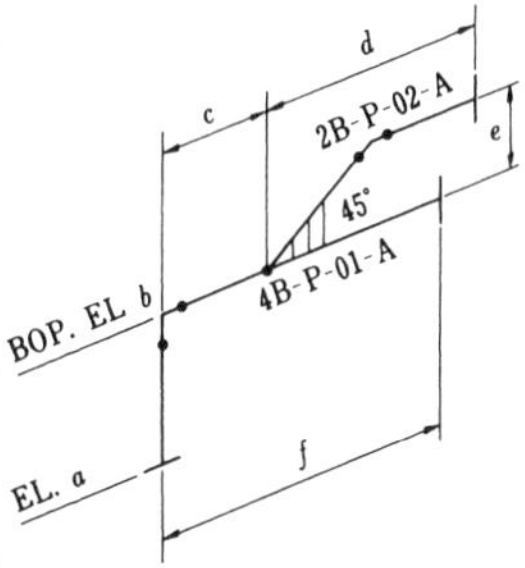

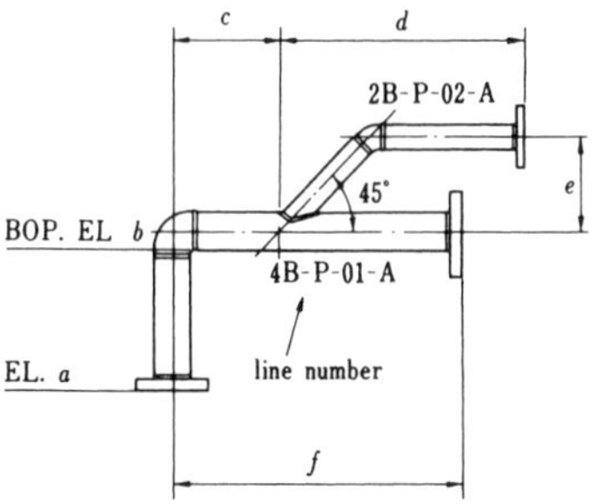

図14　配管図記号(d)

86 [I] 配管の設計

(1) 溶接部の形状と記号表示例	
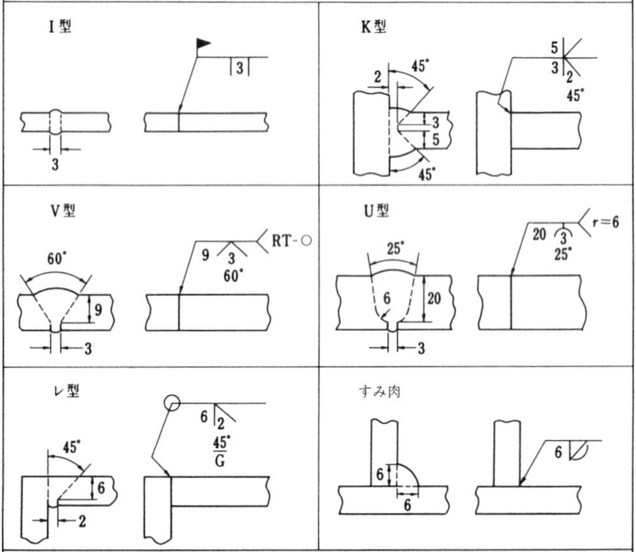 I型	K型
V型	U型
レ型	すみ肉

(2) 補助記号

表面形状 平	—	放射線透過試験	RT
表面形状 凸	⌒	超音波探傷試験	UT
表面形状 へこみ	⌣	磁粉探傷試験	MT
表面仕上 チッピング	C	浸透探傷試験	PT
表面仕上 研削	G	漏れ試験	LT
表面仕上 切削	M	ひずみ測定試験	ST
現場溶接	▶	目視試験	VT
全周溶接	○	全線試験	○
全周現場溶接	⌀	部分試験（抜取り試験）	△

図 15 溶接記号

11. 配管図 **87**

スプール図の例

88 [I] 配管の設計

12. 配管部品の寸法表 (図16〜20)

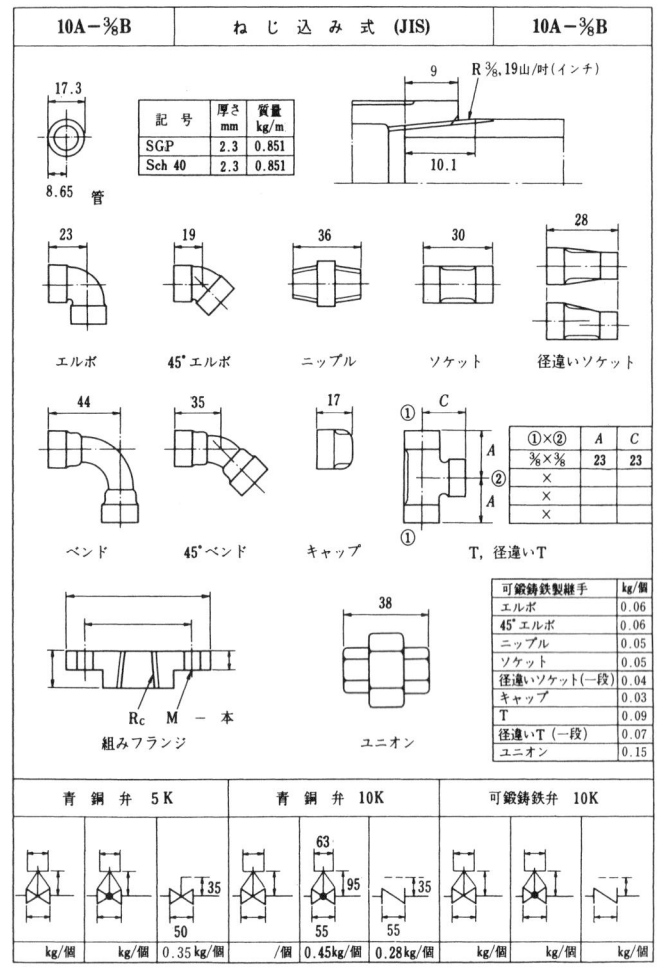

10A-⅜B	ねじ込み式 (JIS)	10A-⅜B

管

記号	厚さ mm	質量 kg/m
SGP	2.3	0.851
Sch 40	2.3	0.851

17.3 / 8.65

R⅜, 19山/吋(インチ), 9, 10.1

エルボ 23
45°エルボ 19
ニップル 36
ソケット 30
径違いソケット 28

ベンド 44
45°ベンド 35
キャップ 17

T, 径違いT

①×②	A	C
⅜×⅜	23	23
×		
×		

組みフランジ Rc M — 本
ユニオン 38

可鍛鋳鉄製継手	kg/個
エルボ	0.06
45°エルボ	0.06
ニップル	0.05
ソケット	0.05
径違いソケット(一段)	0.04
キャップ	0.03
T	0.09
径違いT(一段)	0.07
ユニオン	0.15

青銅弁 5K	青銅弁 10K	可鍛鋳鉄弁 10K
	35 / 50	63 / 95 / 55 — 35 / 55
kg/個 kg/個 0.35 kg/個	/個 0.45kg/個 0.28kg/個	kg/個 kg/個 kg/個

図16-(1) ねじ込み式 (JIS)

12. 配管部品の寸法表 **89**

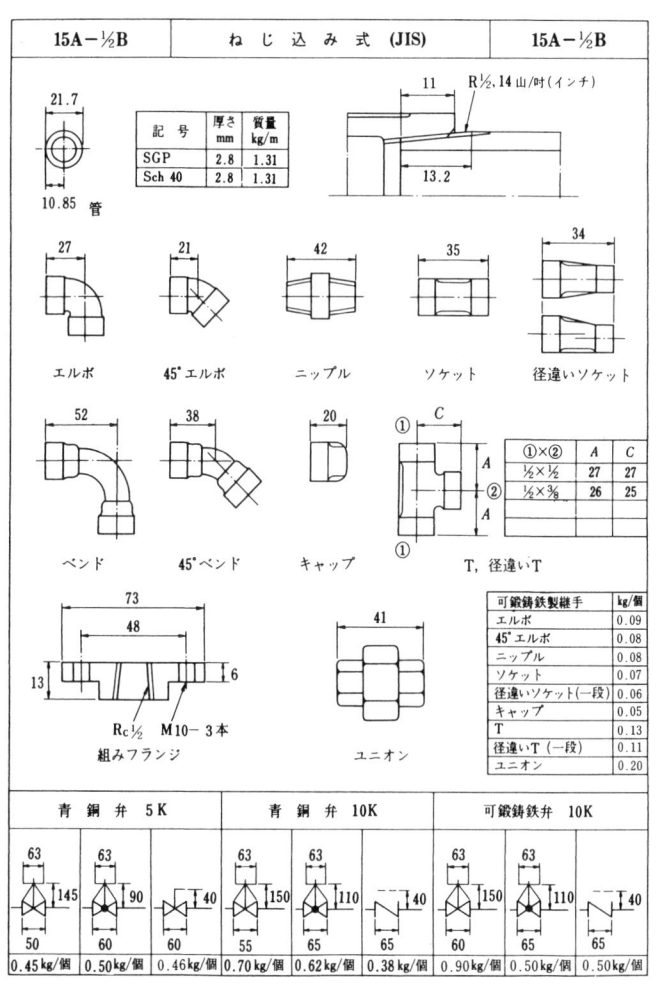

15A-½B	ねじ込み式 (JIS)	15A-½B

21.7 / 10.85 管

記号	厚さ mm	質量 kg/m
SGP	2.8	1.31
Sch 40	2.8	1.31

R½, 14山/吋(インチ) 11 13.2

- エルボ 27
- 45°エルボ 21
- ニップル 42
- ソケット 35
- 径違いソケット 34
- ベンド 52
- 45°ベンド 38
- キャップ 20

T, 径違いT

①×②	A	C
½×½	27	27
½×⅜	26	25

組みフランジ: 73, 48, 13, 6, Rc½, M10-3本

ユニオン 41

可鍛鋳鉄製継手	kg/個
エルボ	0.09
45°エルボ	0.08
ニップル	0.08
ソケット	0.07
径違いソケット(一段)	0.06
キャップ	0.05
T	0.13
径違いT (一段)	0.11
ユニオン	0.20

青銅弁 5K			青銅弁 10K			可鍛鋳鉄弁 10K	
63/145/50	63/90/60	63/40/60	63/150/55	63/110/65	63/40/65	63/150/65	63/110/65	63/40/65
0.45kg/個	0.50kg/個	0.46kg/個	0.70kg/個	0.62kg/個	0.38kg/個	0.90kg/個	0.50kg/個	0.50kg/個

図16-(2) ねじ込み式 (JIS)

90 [I] 配管の設計

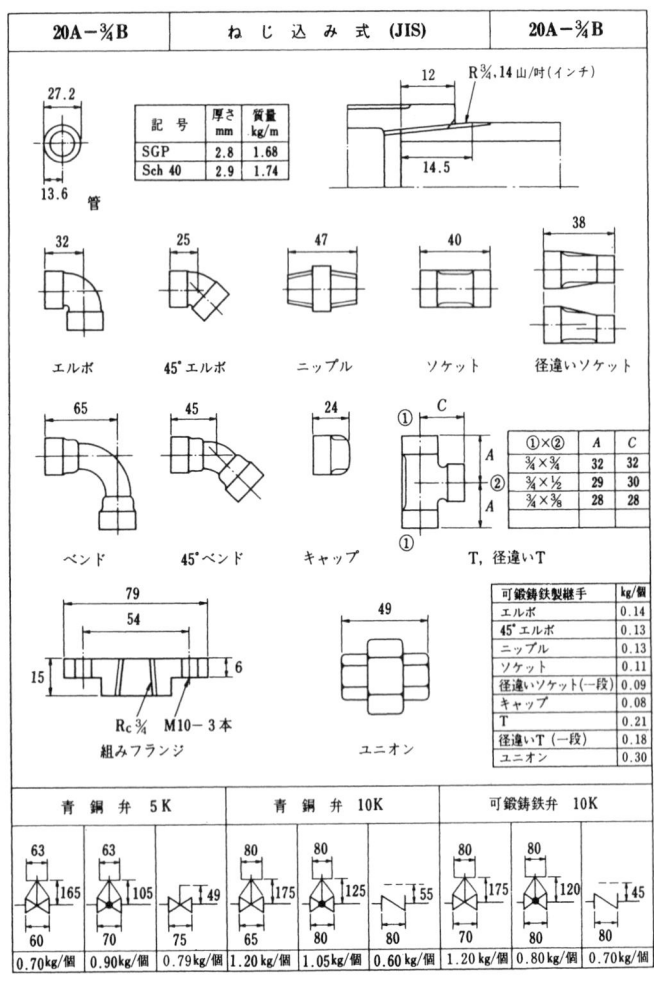

20A-¾B	ねじ込み式 (JIS)	20A-¾B

管

27.2 / 13.6

記号	厚さ mm	質量 kg/m
SGP	2.8	1.68
Sch 40	2.9	1.74

R¾, 14山/吋(インチ)　12　14.5

- エルボ　32
- 45°エルボ　25
- ニップル　47
- ソケット　40
- 径違いソケット　38
- ベンド　65
- 45°ベンド　45
- キャップ　24
- T, 径違いT

①×②	A	C
¾×¾	32	32
¾×½	29	30
¾×⅜	28	28

組みフランジ　79 / 54 / 15 / 6　Rc¾　M10-3本

ユニオン　49

可鍛鋳鉄製継手	kg/個
エルボ	0.14
45°エルボ	0.13
ニップル	0.13
ソケット	0.11
径違いソケット(一段)	0.09
キャップ	0.08
T	0.21
径違いT (一段)	0.18
ユニオン	0.30

青銅弁 5K	青銅弁 10K	可鍛鋳鉄弁 10K
63/165/60　63/105/70　63/49/75	80/175/65　80/125/80　80/55/80	80/175/70　80/120/80　80/45/80
0.70 kg/個　0.90 kg/個　0.79 kg/個	1.20 kg/個　1.05 kg/個　0.60 kg/個	1.20 kg/個　0.80 kg/個　0.70 kg/個

図 16-(3)　ねじ込み式 (JIS)

12. 配管部品の寸法表 **91**

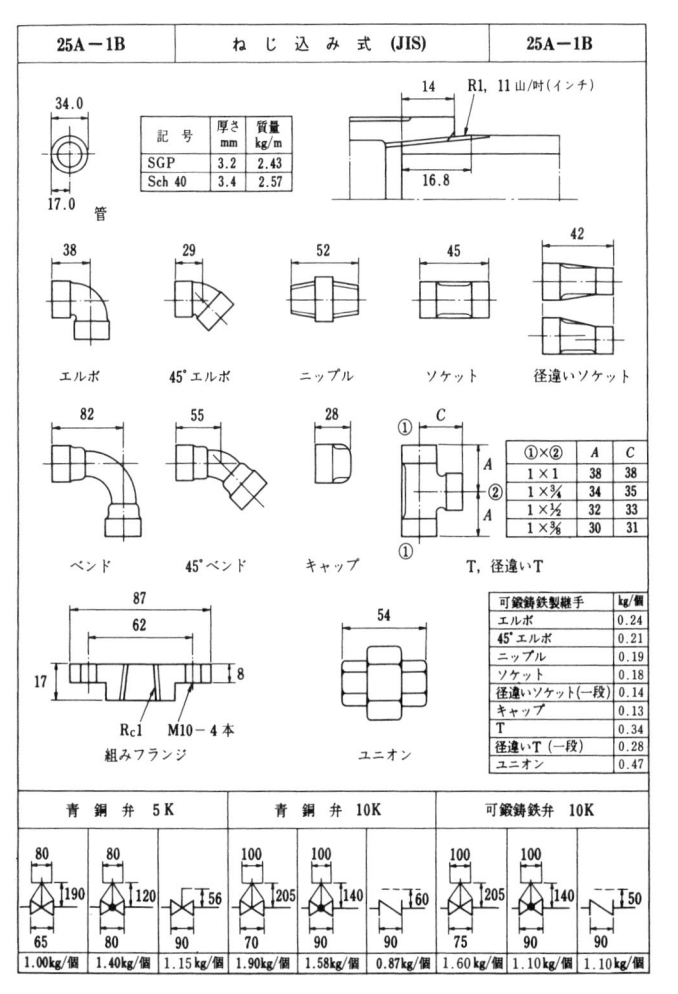

25A−1B	ねじ込み式 (JIS)	25A−1B

管 34.0 / 17.0

記号	厚さ mm	質量 kg/m
SGP	3.2	2.43
Sch 40	3.4	2.57

14, R1, 11山/吋(インチ), 16.8

- エルボ 38
- 45°エルボ 29
- ニップル 52
- ソケット 45
- 径違いソケット 42
- ベンド 82
- 45°ベンド 55
- キャップ 28
- T, 径違いT

①×②	A	C
1×1	38	38
1×¾	34	35
1×½	32	33
1×⅜	30	31

組みフランジ: 87, 62, 17, 8, Rc1, M10−4本

ユニオン: 54

可鍛鋳鉄製継手	kg/個
エルボ	0.24
45°エルボ	0.21
ニップル	0.19
ソケット	0.18
径違いソケット(一段)	0.14
キャップ	0.13
T	0.34
径違いT (一段)	0.28
ユニオン	0.47

青銅弁 5K			青銅弁 10K			可鍛鋳鉄弁 10K		
80 / 190 / 65	80 / 120 / 80	56 / 90	100 / 205 / 70	100 / 140 / 90	60 / 90	100 / 205 / 75	100 / 140 / 90	50 / 90
1.00kg/個	1.40kg/個	1.15kg/個	1.90kg/個	1.58kg/個	0.87kg/個	1.60kg/個	1.10kg/個	1.10kg/個

図 16-(4) ねじ込み式 (JIS)

92 [I] 配管の設計

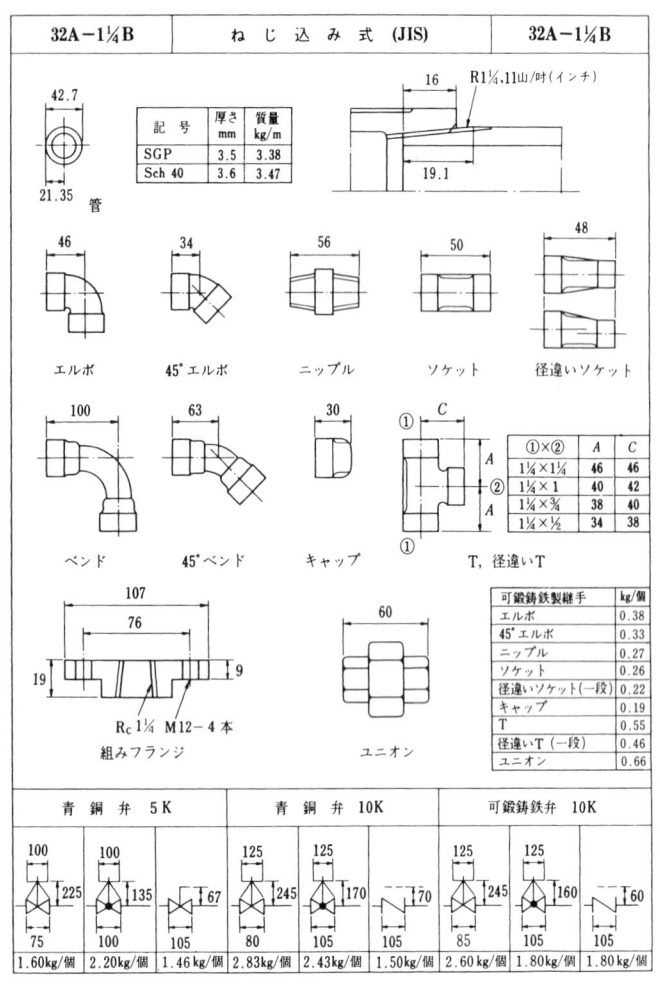

32A-1¼B	ねじ込み式 (JIS)	32A-1¼B

管 42.7 / 21.35

記号	厚さ mm	質量 kg/m
SGP	3.5	3.38
Sch 40	3.6	3.47

R1¼, 11山/吋(インチ) 16 19.1

エルボ 46
45°エルボ 34
ニップル 56
ソケット 50
径違いソケット 48

ベンド 100
45°ベンド 63
キャップ 30

T, 径違いT

①×②	A	C
1¼×1¼	46	46
1¼×1	40	42
1¼×¾	38	40
1¼×½	34	38

組みフランジ 107 / 76 / 19 / 9 Rc 1¼ M12-4本

ユニオン 60

可鍛鋳鉄製継手	kg/個
エルボ	0.38
45°エルボ	0.33
ニップル	0.27
ソケット	0.26
径違いソケット(一段)	0.22
キャップ	0.19
T	0.55
径違いT (一段)	0.46
ユニオン	0.66

青銅弁 5K			青銅弁 10K			可鍛鋳鉄弁 10K		
100/225/75	100/135/100	67/105	125/245/80	125/170/105	70/105	125/245/85	125/160/105	60/105
1.60kg/個	2.20kg/個	1.46kg/個	2.83kg/個	2.43kg/個	1.50kg/個	2.60kg/個	1.80kg/個	1.80kg/個

図 16-(5)　ねじ込み式 (JIS)

12. 配管部品の寸法表 **93**

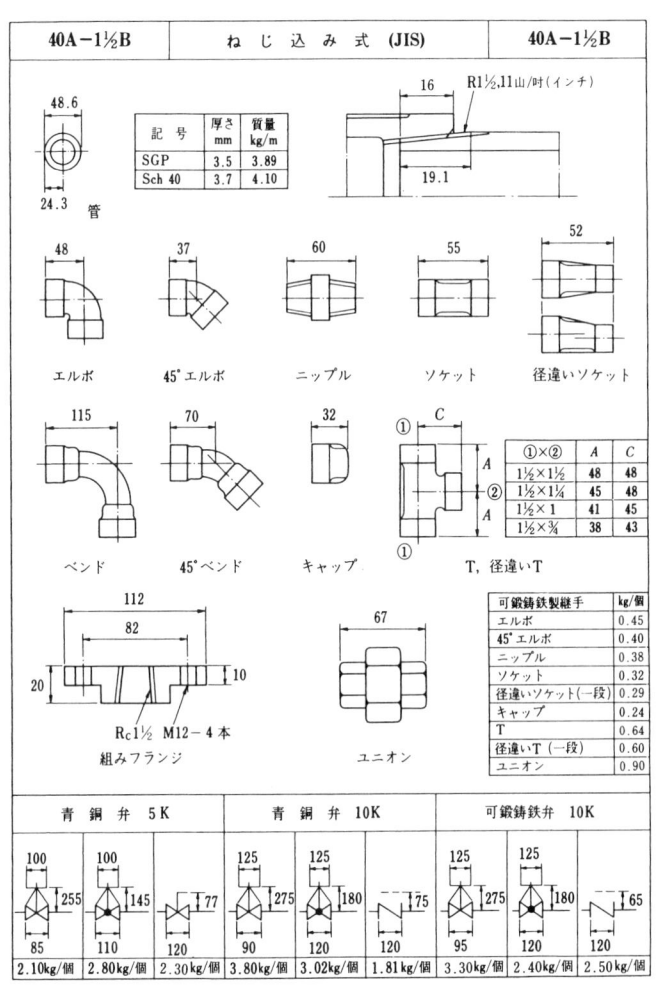

40A-1½B	ねじ込み式 (JIS)	40A-1½B

管 外径 48.6, 内径 24.3

記号	厚さ mm	質量 kg/m
SGP	3.5	3.89
Sch 40	3.7	4.10

R1½, 11山/吋(インチ)、16、19.1

- エルボ 48
- 45°エルボ 37
- ニップル 60
- ソケット 55
- 径違いソケット 52
- ベンド 115
- 45°ベンド 70
- キャップ 32
- T, 径違いT

①×②	A	C
1½×1½	48	48
1½×1¼	45	48
1½×1	41	45
1½×¾	38	43

組みフランジ: 112, 82, 20, 10, Rc1½, M12-4本

ユニオン: 67

可鍛鋳鉄製継手	kg/個
エルボ	0.45
45°エルボ	0.40
ニップル	0.38
ソケット	0.32
径違いソケット(一段)	0.29
キャップ	0.24
T	0.64
径違いT(一段)	0.60
ユニオン	0.90

青銅弁 5K			青銅弁 10K			可鍛鋳鉄弁 10K		
100, 255, 85	100, 145, 110	77, 120	125, 275, 90	125, 180, 120	75, 120	125, 275, 95	125, 180, 120	65, 120
2.10kg/個	2.80kg/個	2.30kg/個	3.80kg/個	3.02kg/個	1.81kg/個	3.30kg/個	2.40kg/個	2.50kg/個

図 16-(6) ねじ込み式 (JIS)

94 [I] 配管の設計

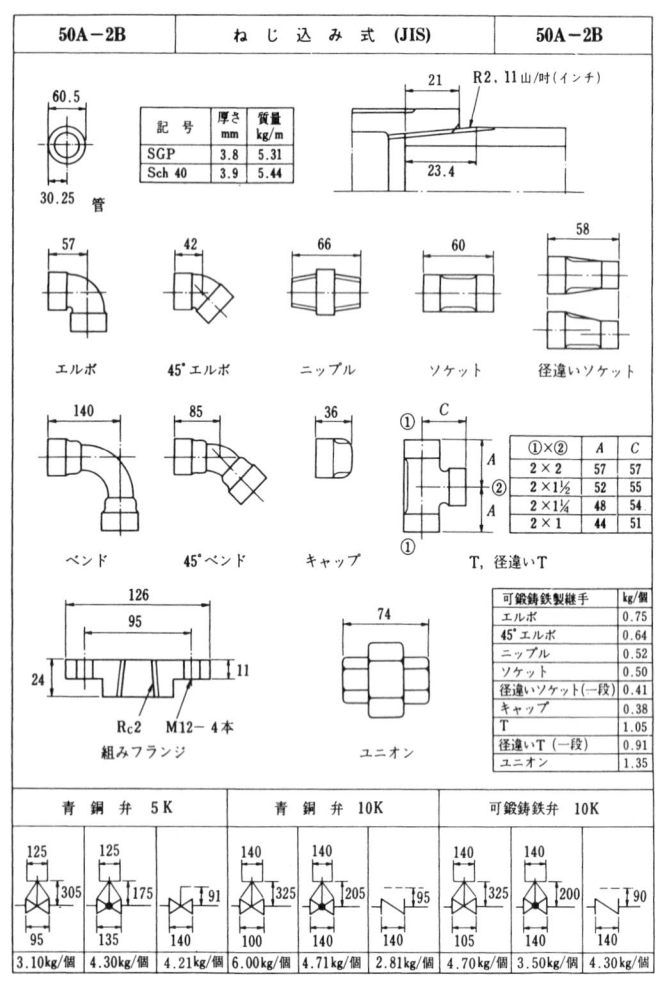

50A−2B　　ねじ込み式 (JIS)　　50A−2B

管 (60.5 / 30.25)

記号	厚さ mm	質量 kg/m
SGP	3.8	5.31
Sch 40	3.9	5.44

R2, 11山/吋(インチ), 21, 23.4

- エルボ 57
- 45°エルボ 42
- ニップル 66
- ソケット 60
- 径違いソケット 58
- ベンド 140
- 45°ベンド 85
- キャップ 36

T, 径違いT

①×②	A	C
2×2	57	−
2×1½	52	55
2×1¼	48	54
2×1	44	51

可鍛鋳鉄製継手	kg/個
エルボ	0.75
45°エルボ	0.64
ニップル	0.52
ソケット	0.50
径違いソケット(一段)	0.41
キャップ	0.38
T	1.05
径違いT(一段)	0.91
ユニオン	1.35

組みフランジ: 126, 95, 24, 11, Rc2, M12−4本

ユニオン: 74

青銅弁 5K

125×305 / 95	125×175 / 135	91 / 140
3.10 kg/個	4.30 kg/個	4.21 kg/個

青銅弁 10K

140×325 / 100	140×205 / 140	95 / 140
6.00 kg/個	4.71 kg/個	2.81 kg/個

可鍛鋳鉄弁 10K

140×325 / 105	140×200 / 140	90 / 140
4.70 kg/個	3.50 kg/個	4.30 kg/個

図 16-(7)　ねじ込み式 (JIS)

12. 配管部品の寸法表 95

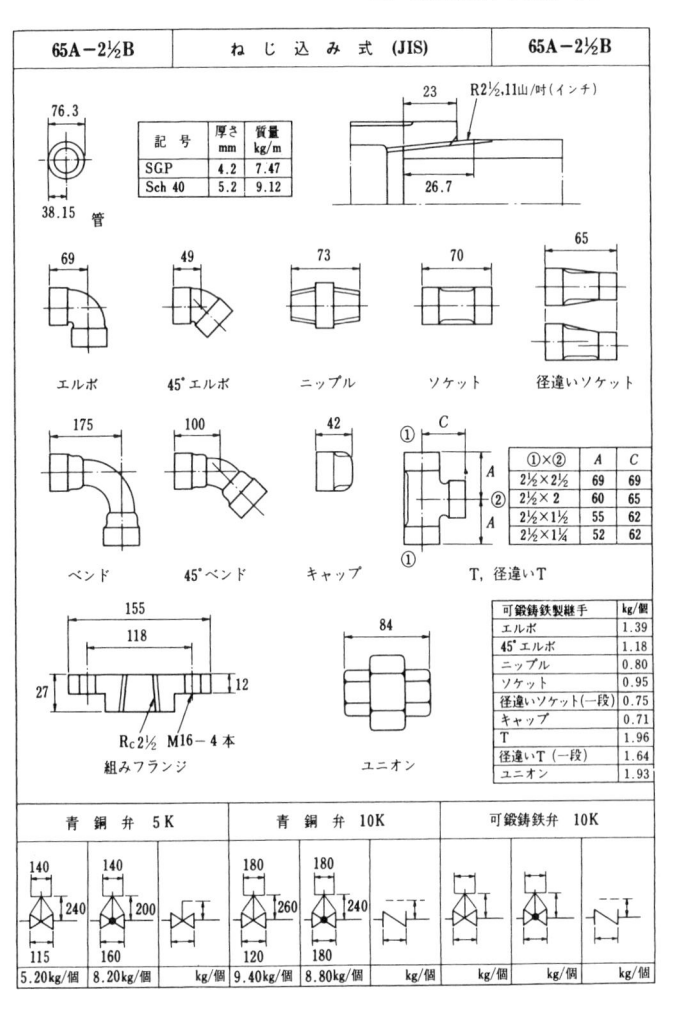

| 65A-2½B | ねじ込み式 (JIS) | 65A-2½B |

管 76.3 / 38.15

記号	厚さ mm	質量 kg/m
SGP	4.2	7.47
Sch 40	5.2	9.12

23 R2½,11山/吋(インチ) 26.7

エルボ 69
45°エルボ 49
ニップル 73
ソケット 70
径違いソケット 65

ベンド 175
45°ベンド 100
キャップ 42

T, 径違いT

①×②	A	C
2½×2½	69	69
2½×2	60	65
2½×1½	55	62
2½×1¼	52	62

組みフランジ 155 / 118 / 27 / 12 Rc2½ M16-4本

ユニオン 84

可鍛鋳鉄製継手	kg/個
エルボ	1.39
45°エルボ	1.18
ニップル	0.80
ソケット	0.95
径違いソケット(一段)	0.75
キャップ	0.71
T	1.96
径違いT(一段)	1.64
ユニオン	1.93

| 青銅弁 5K | 青銅弁 10K | 可鍛鋳鉄弁 10K |

140/240/115 140/200/160 kg/個 180/260/120 180/240 kg/個 kg/個 kg/個

5.20kg/個 8.20kg/個 kg/個 9.40kg/個 8.80kg/個 kg/個 kg/個 kg/個

図16-(8) ねじ込み式 (JIS)

96 [Ⅰ] 配管の設計

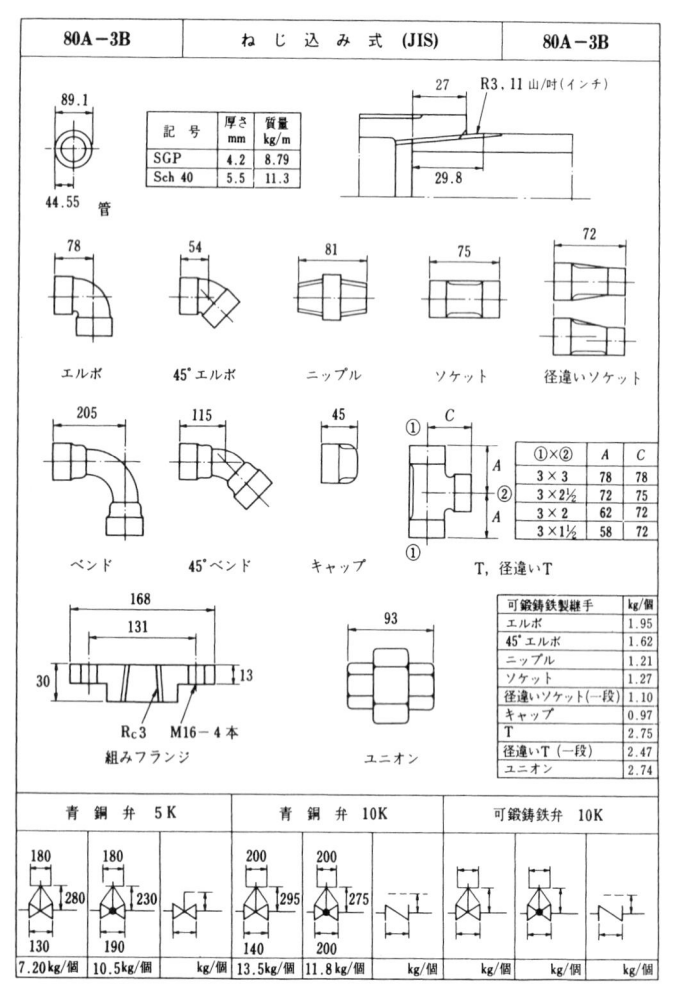

| 80A-3B | ねじ込み式 (JIS) | 80A-3B |

管 (89.1 / 44.55)

記号	厚さ mm	質量 kg/m
SGP	4.2	8.79
Sch 40	5.5	11.3

寸法: 27, R3, 11山/吋(インチ), 29.8

- エルボ 78
- 45°エルボ 54
- ニップル 81
- ソケット 75
- 径違いソケット 72
- ベンド 205
- 45°ベンド 115
- キャップ 45
- T, 径違いT

①×②	A	C
3×3	78	78
3×2½	72	75
3×2	62	72
3×1½	58	72

組みフランジ: 168, 131, 30, 13, Rc3, M16-4本

ユニオン: 93

可鍛鋳鉄製継手	kg/個
エルボ	1.95
45°エルボ	1.62
ニップル	1.21
ソケット	1.27
径違いソケット(一段)	1.10
キャップ	0.97
T	2.75
径違いT(一段)	2.47
ユニオン	2.74

青銅弁 5K		青銅弁 10K		可鍛鋳鉄弁 10K		
180/280/130	180/230/190	200/295/140	200/275/200			
7.20 kg/個	10.5 kg/個	13.5 kg/個	11.8 kg/個	kg/個	kg/個	kg/個

図 16-(9) ねじ込み式 (JIS)

12. 配管部品の寸法表 **97**

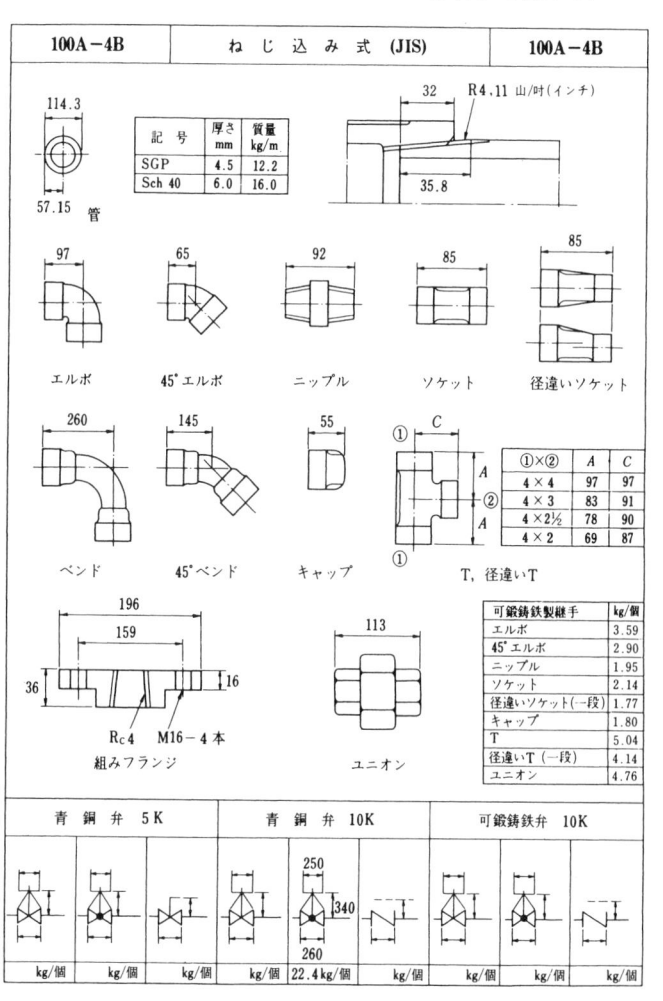

100A-4B	ねじ込み式 (JIS)	100A-4B

114.3 / 57.15 管

記号	厚さ mm	質量 kg/m
SGP	4.5	12.2
Sch 40	6.0	16.0

32, R4.11 山/吋(インチ), 35.8

- エルボ 97
- 45°エルボ 65
- ニップル 92
- ソケット 85
- 径違いソケット 85
- ベンド 260
- 45°ベンド 145
- キャップ 55
- T, 径違いT

①×②	A	C
4×4	97	97
4×3	83	91
4×2½	78	90
4×2	69	87

組みフランジ: 196, 159, 36, 16, Rc4, M16-4本

ユニオン 113

可鍛鋳鉄製継手	kg/個
エルボ	3.59
45°エルボ	2.90
ニップル	1.95
ソケット	2.14
径違いソケット(一段)	1.77
キャップ	1.80
T	5.04
径違いT (一段)	4.14
ユニオン	4.76

青銅弁 5K	青銅弁 10K	可鍛鋳鉄弁 10K
kg/個　kg/個　kg/個	kg/個　22.4 kg/個 (250, 340, 260)	kg/個　kg/個　kg/個

図 16-(10)　ねじ込み式 (JIS)

98　[Ⅰ] 配管の設計

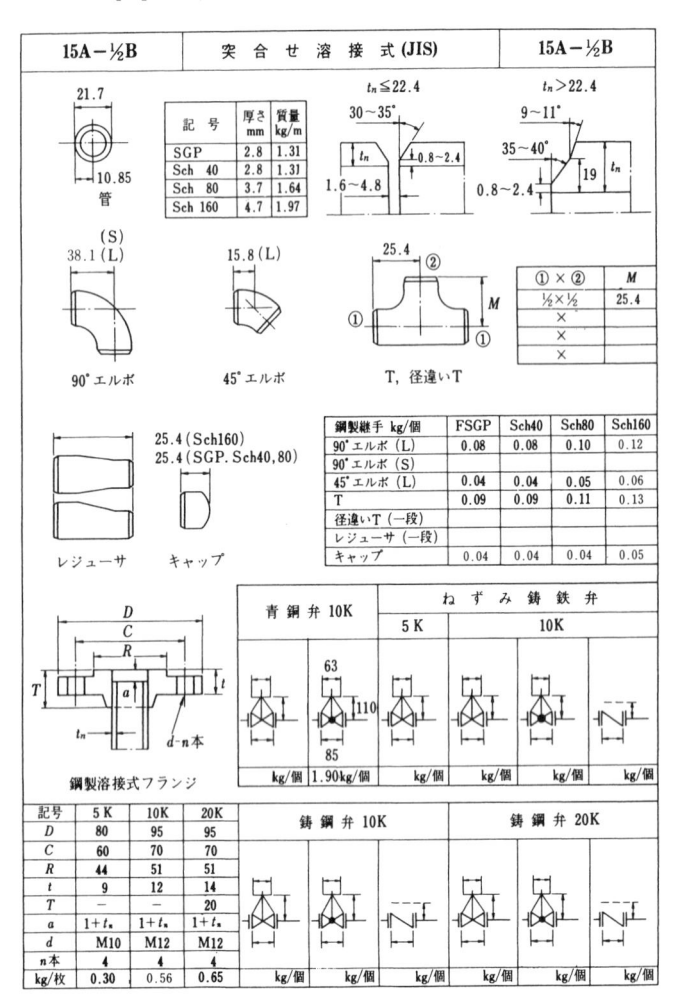

15A-½B　突合せ溶接式 (JIS)　15A-½B

管 21.7 / 10.85

記号	厚さ mm	質量 kg/m
SGP	2.8	1.31
Sch 40	2.8	1.31
Sch 80	3.7	1.64
Sch 160	4.7	1.97

$t_n \leq 22.4$：30～35°、t_n 0.8～2.4、1.6～4.8

$t_n > 22.4$：9～11°、35～40°、0.8～2.4、19、t_n

90°エルボ 38.1 (L) (S)
45°エルボ 15.8 (L)
T, 径違いT 25.4 ②, M, ①

①×②	M
½×½	25.4
×	
×	
×	

レジューサ 25.4 (Sch160) / 25.4 (SGP, Sch40, 80)
キャップ

鋼製継手 kg/個	FSGP	Sch40	Sch80	Sch160
90°エルボ (L)	0.08	0.08	0.10	0.12
90°エルボ (S)				
45°エルボ (L)	0.04	0.04	0.05	0.06
T	0.09	0.09	0.11	0.13
径違いT (一段)				
レジューサ (一段)				
キャップ	0.04	0.04	0.04	0.05

鋼製溶接式フランジ：D, C, R, T, t, t_n, a, d-n本

青銅弁 10K	ねずみ鋳鉄弁 5K	10K
63, 110, 85		
kg/個 1.90 kg/個	kg/個	kg/個 kg/個

記号	5K	10K	20K
D	80	95	95
C	60	70	70
R	44	51	51
t	9	12	14
T	—	—	20
a	$1+t_n$	$1+t_n$	$1+t_n$
d	M10	M12	M12
n本	4	4	4
kg/枚	0.30	0.56	0.65

鋳鋼弁 10K		鋳鋼弁 20K	
kg/個	kg/個	kg/個	kg/個

図 17-(1)　突合せ溶接式 (JIS)

12. 配管部品の寸法表 99

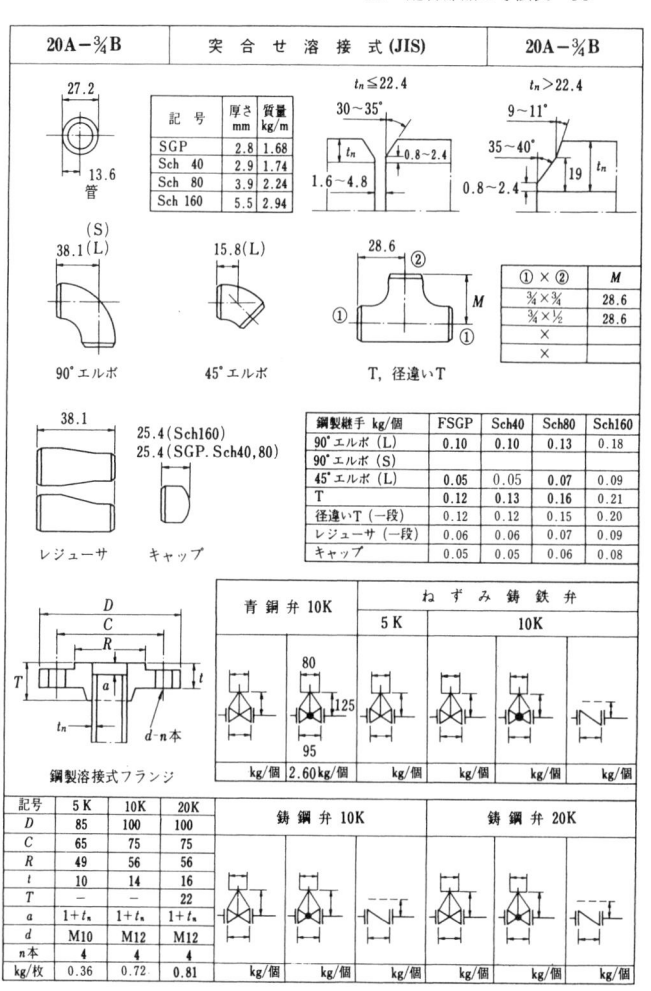

20A-¾B　突合せ溶接式 (JIS)　20A-¾B

管 27.2 / 13.6

記号	厚さ mm	質量 kg/m
SGP	2.8	1.68
Sch 40	2.9	1.74
Sch 80	3.9	2.24
Sch 160	5.5	2.94

$t_n \leq 22.4$: 30〜35°, 0.8〜2.4, 1.6〜4.8, t_n

$t_n > 22.4$: 9〜11°, 35〜40°, 0.8〜2.4, 19, t_n

90°エルボ　38.1 (L) (S)
45°エルボ　15.8 (L)
T, 径違いT　28.6, M

①×②	M
¾×¾	28.6
¾×½	28.6
×	
×	

レジューサ 38.1
キャップ 25.4 (Sch160) / 25.4 (SGP, Sch40, 80)

鋼製継手 kg/個	FSGP	Sch40	Sch80	Sch160
90°エルボ (L)	0.10	0.10	0.13	0.18
90°エルボ (S)				
45°エルボ (L)	0.05	0.05	0.07	0.09
T	0.12	0.13	0.16	0.21
径違いT (一段)	0.12	0.12	0.15	0.20
レジューサ (一段)	0.06	0.06	0.07	0.09
キャップ	0.05	0.05	0.06	0.08

鋼製溶接式フランジ

記号	5K	10K	20K
D	85	100	100
C	65	75	75
R	49	56	56
t	10	14	16
T	—	—	22
a	$1+t_n$	$1+t_n$	$1+t_n$
d	M10	M12	M12
n本	4	4	4
kg/枚	0.36	0.72	0.81

青銅弁 10K: 80, 125, 95 — 2.60 kg/個

ねずみ鋳鉄弁 5K / 10K — kg/個

鋳鋼弁 10K — kg/個

鋳鋼弁 20K — kg/個

図 17-(2)　突合せ溶接式 (JIS)

100 [I] 配管の設計

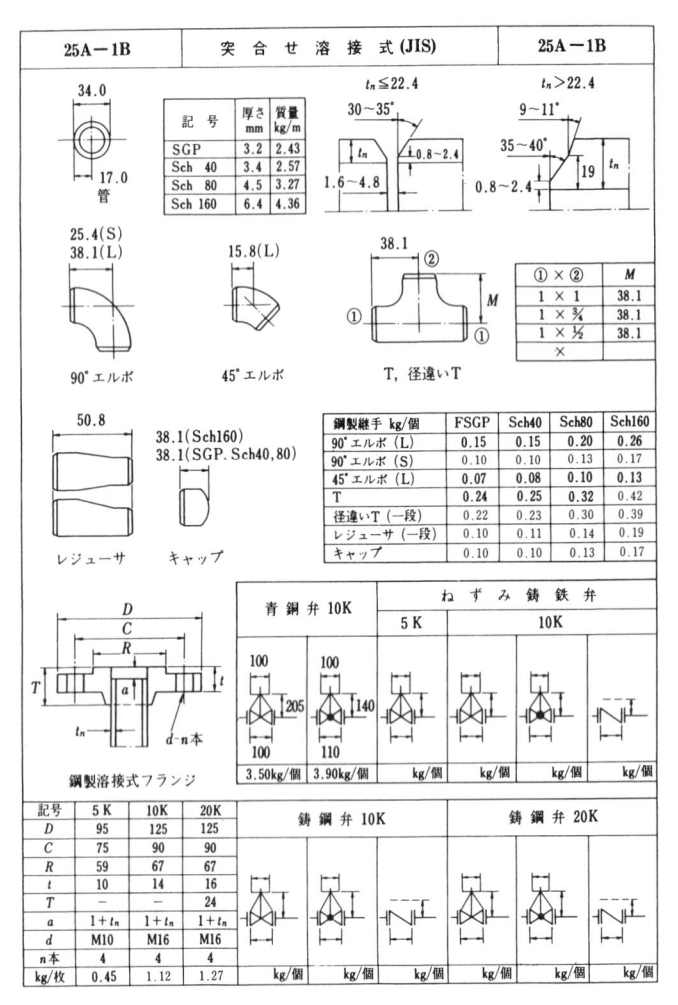

| 25A-1B | 突合せ溶接式 (JIS) | 25A-1B |

管 34.0 / 17.0

記号	厚さ mm	質量 kg/m
SGP	3.2	2.43
Sch 40	3.4	2.57
Sch 80	4.5	3.27
Sch 160	6.4	4.36

$t_n \leq 22.4$: 30〜35°, t_n, 0.8〜2.4, 1.6〜4.8

$t_n > 22.4$: 9〜11°, 35〜40°, 0.8〜2.4, 19, t_n

90°エルボ 25.4(S) / 38.1(L)

45°エルボ 15.8(L)

T, 径違いT 38.1, M

①×②	M
1 × 1	38.1
1 × ¾	38.1
1 × ½	38.1
×	

レジューサ 50.8

キャップ 38.1(Sch160) / 38.1(SGP, Sch40, 80)

鋼製継手 kg/個	FSGP	Sch40	Sch80	Sch160
90°エルボ (L)	0.15	0.15	0.20	0.26
90°エルボ (S)	0.10	0.10	0.13	0.17
45°エルボ (L)	0.07	0.08	0.10	0.13
T	0.24	0.25	0.32	0.42
径違いT (一段)	0.22	0.23	0.30	0.39
レジューサ (一段)	0.10	0.11	0.14	0.19
キャップ	0.10	0.10	0.13	0.17

鋼製溶接式フランジ (D, C, R, T, t, t_n, a, d-n本)

青銅弁 10K		ねずみ鋳鉄弁	
		5K	10K
100 / 205 / 100	100 / 140 / 110		
3.50kg/個	3.90kg/個	kg/個	kg/個

記号	5K	10K	20K
D	95	125	125
C	75	90	90
R	59	67	67
t	10	14	16
T	—	—	24
a	$1+t_n$	$1+t_n$	$1+t_n$
d	M10	M16	M16
n本	4	4	4
kg/枚	0.45	1.12	1.27

鋳鋼弁 10K		鋳鋼弁 20K	
kg/個	kg/個	kg/個	kg/個

図 17-(3) 突合せ溶接式 (JIS)

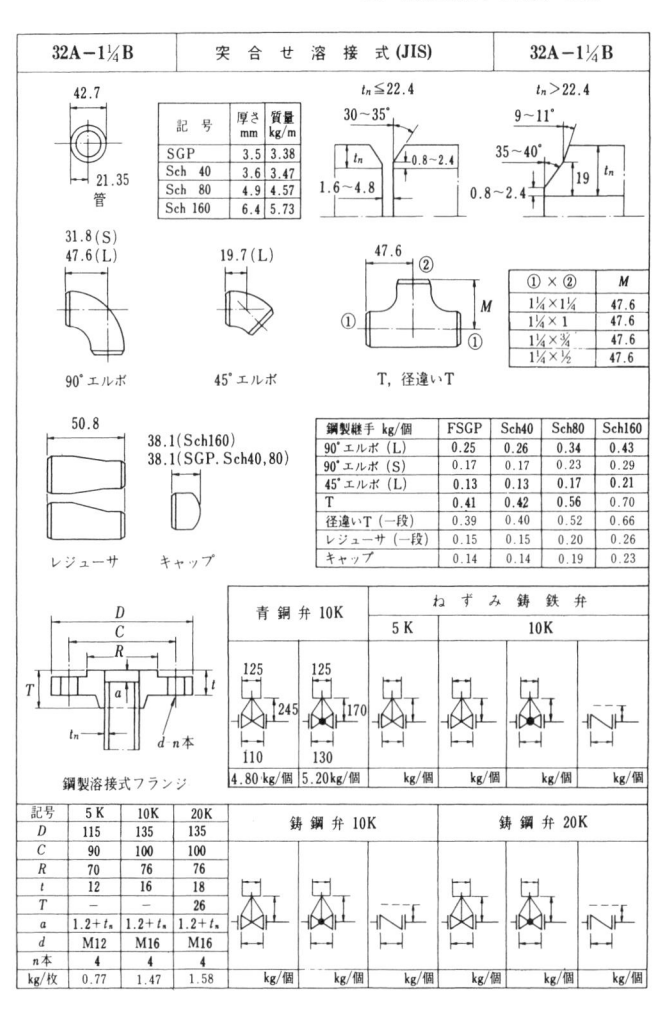

12. 配管部品の寸法表 **101**

| 32A−1¼B | 突 合 せ 溶 接 式 (JIS) | 32A−1¼B |

管 42.7 / 21.35

記号	厚さ mm	質量 kg/m
SGP	3.5	3.38
Sch 40	3.6	3.47
Sch 80	4.9	4.57
Sch 160	6.4	5.73

$t_n \leq 22.4$: 30〜35°, 0.8〜2.4, 1.6〜4.8, t_n

$t_n > 22.4$: 9〜11°, 35〜40°, 0.8〜2.4, 19, t_n

90°エルボ 31.8(S) / 47.6(L)

45°エルボ 19.7(L)

T, 径違いT 47.6 / M

①×②	M
1¼×1¼	47.6
1¼×1	47.6
1¼×¾	47.6
1¼×½	47.6

レジューサ 50.8

キャップ 38.1(Sch160) / 38.1(SGP, Sch40, 80)

鋼製継手 kg/個	FSGP	Sch40	Sch80	Sch160
90°エルボ (L)	0.25	0.26	0.34	0.43
90°エルボ (S)	0.17	0.17	0.23	0.29
45°エルボ (L)	0.13	0.13	0.17	0.21
T	0.41	0.42	0.56	0.70
径違いT (一段)	0.39	0.40	0.52	0.66
レジューサ (一段)	0.15	0.15	0.20	0.26
キャップ	0.14	0.14	0.19	0.23

鋼製溶接式フランジ

記号	5K	10K	20K
D	115	135	135
C	90	100	100
R	70	76	76
t	12	16	18
T	−	−	26
a	1.2+t_n	1.2+t_n	1.2+t_n
d	M12	M16	M16
n本	4	4	4
kg/枚	0.77	1.47	1.58

青銅弁 10K : 125, 245, 110 — 4.80 kg/個 ; 125, 170, 130 — 5.20 kg/個

ねずみ鋳鉄弁 5K : kg/個 kg/個

ねずみ鋳鉄弁 10K : kg/個 kg/個

鋳鋼弁 10K : kg/個 kg/個

鋳鋼弁 20K : kg/個 kg/個

図17-(4) 突合せ溶接式 (JIS)

102 [I] 配管の設計

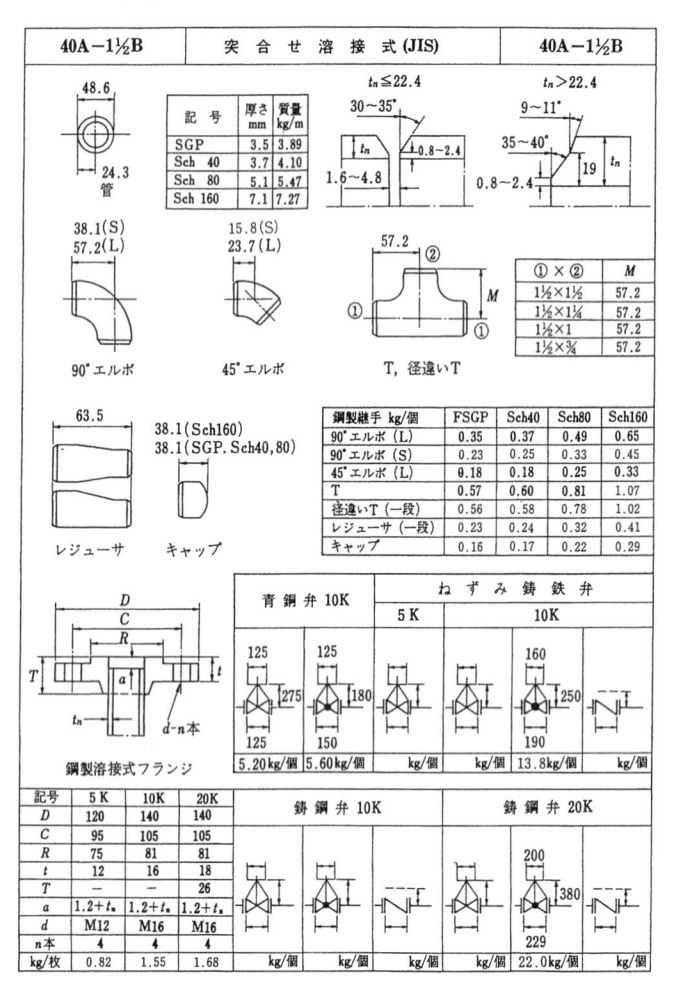

40A−1½B　突合せ溶接式 (JIS)　40A−1½B

管 48.6 / 24.3

記号	厚さ mm	質量 kg/m
SGP	3.5	3.89
Sch 40	3.7	4.10
Sch 80	5.1	5.47
Sch 160	7.1	7.27

$t_n \leq 22.4$: 30〜35°, 0.8〜2.4, 1.6〜4.8

$t_n > 22.4$: 9〜11°, 35〜40°, 0.8〜2.4, 19

90°エルボ: 38.1(S) / 57.2(L)
45°エルボ: 15.8(S) / 23.7(L)

T, 径違いT　57.2 / M

①×②	M
1½×1½	57.2
1½×1¼	57.2
1½×1	57.2
1½×¾	57.2

レジューサ 63.5
キャップ 38.1(Sch160) / 38.1(SGP.Sch40,80)

鋼製継手 kg/個	FSGP	Sch40	Sch80	Sch160
90°エルボ (L)	0.35	0.37	0.49	0.65
90°エルボ (S)	0.23	0.25	0.33	0.45
45°エルボ (L)	0.18	0.18	0.25	0.33
T	0.57	0.60	0.81	1.07
径違いT (一段)	0.56	0.58	0.78	1.02
レジューサ (一段)	0.23	0.24	0.32	0.41
キャップ	0.16	0.17	0.22	0.29

鋼製溶接式フランジ

記号	5K	10K	20K
D	120	140	140
C	95	105	105
R	75	81	81
t	12	16	18
T	−	−	26
a	1.2+t_n	1.2+t_n	1.2+t_n
d	M12	M16	M16
n本	4	4	4
kg/枚	0.82	1.55	1.68

青銅弁 10K: 125/125 275, 125/150 180 — 5.20kg/個, 5.60kg/個

ねずみ鋳鉄弁
5K: kg/個, kg/個
10K: 160 250, 190 — 13.8kg/個, kg/個

鋳鋼弁 10K: kg/個, kg/個

鋳鋼弁 20K: 200 380, 229 — 22.0kg/個, kg/個

図 17-(5)　突合せ溶接式 (JIS)

12. 配管部品の寸法表 **103**

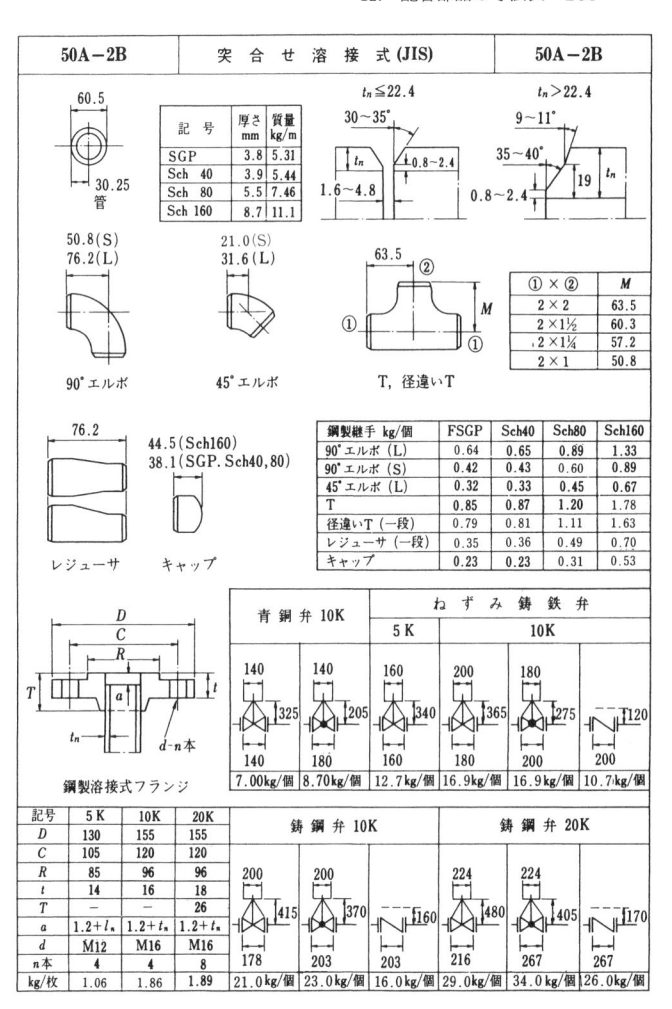

50A-2B	突 合 せ 溶 接 式 (JIS)	50A-2B

外径 60.5 / 内径 30.25 管

記号	厚さ mm	質量 kg/m
SGP	3.8	5.31
Sch 40	3.9	5.44
Sch 80	5.5	7.46
Sch 160	8.7	11.1

$t_n \leq 22.4$: 30〜35°, 0.8〜2.4, 1.6〜4.8
$t_n > 22.4$: 9〜11°, 35〜40°, 0.8〜2.4, 19

90°エルボ: 50.8(S) / 76.2(L)
45°エルボ: 21.0(S) / 31.6(L)

T, 径違いT: 63.5

①×②	M
2×2	63.5
2×1½	60.3
2×1¼	57.2
2×1	50.8

レジューサ: 76.2
キャップ: 44.5(Sch160) / 38.1(SGP, Sch40, 80)

鋼製継手 kg/個	FSGP	Sch40	Sch80	Sch160
90°エルボ (L)	0.64	0.65	0.89	1.33
90°エルボ (S)	0.42	0.43	0.60	0.89
45°エルボ	0.32	0.33	0.45	0.67
T	0.85	0.87	1.20	1.78
径違いT (一段)	0.79	0.81	1.11	1.63
レジューサ (一段)	0.35	0.36	0.49	0.70
キャップ	0.23	0.23	0.31	0.53

鋼製溶接式フランジ

記号	5K	10K	20K
D	130	155	155
C	105	120	120
R	85	96	96
t	14	16	18
T			26
a	1.2+t_n	1.2+t_n	1.2+t_n
d	M12	M16	M16
n本	4	4	8
kg/枚	1.06	1.86	1.89

青銅弁 10K: 140/140, 325, 7.00kg/個 ； 140/180, 205, 8.70kg/個

ねずみ鋳鉄弁
5K: 160/160, 340, 12.7kg/個 ； 200/180, 365, 16.9kg/個
10K: 180/200, 275, 16.9kg/個 ； 120, 10.7kg/個

鋳鋼弁 10K: 200/178, 415, 21.0kg/個 ； 200/203, 370, 23.0kg/個 ； 160, 16.0kg/個

鋳鋼弁 20K: 224/216, 480, 29.0kg/個 ； 224/267, 405, 34.0kg/個 ； 267, 170, 26.0kg/個

図 17-(6) 突合せ溶接式 (JIS)

104 [I] 配 管 の 設 計

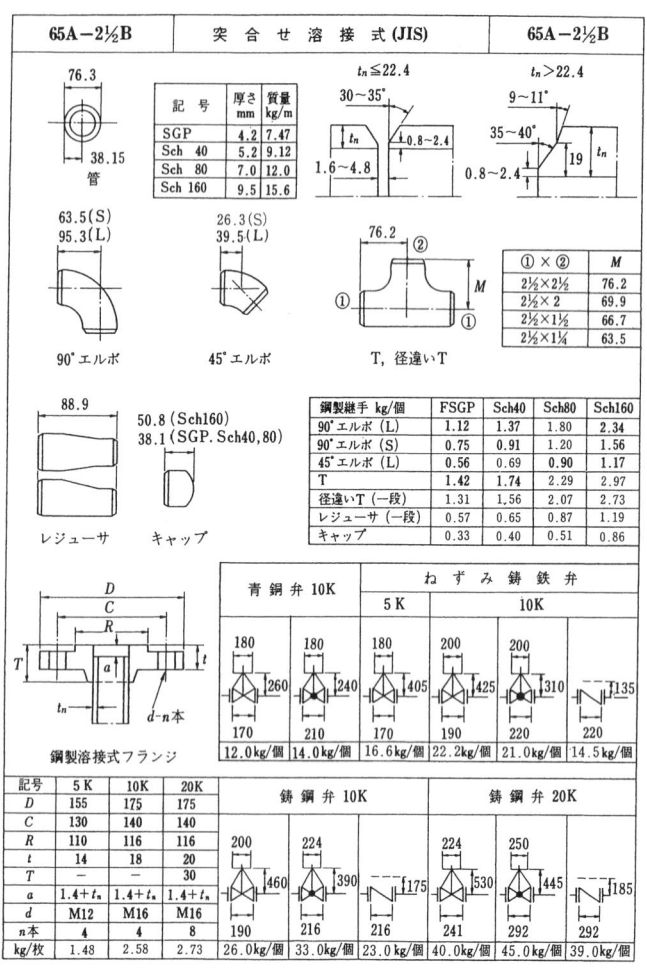

65A−2½B　突合せ溶接式 (JIS)　65A−2½B

管 76.3 / 38.15

記号	厚さ mm	質量 kg/m
SGP	4.2	7.47
Sch 40	5.2	9.12
Sch 80	7.0	12.0
Sch 160	9.5	15.6

$t_n \leq 22.4$: 30〜35°, 1.6〜4.8, 0.8〜2.4
$t_n > 22.4$: 9〜11°, 35〜40°, 0.8〜2.4, 19

90°エルボ　63.5(S) / 95.3(L)
45°エルボ　26.3(S) / 39.5(L)
T, 径違いT　76.2

①×②	M
2½×2½	76.2
2½×2	69.9
2½×1½	66.7
2½×1¼	63.5

レジューサ 88.9　キャップ 50.8(Sch160) / 38.1(SGP,Sch40,80)

鋼製継手 kg/個	FSGP	Sch40	Sch80	Sch160
90°エルボ (L)	1.12	1.37	1.80	2.34
90°エルボ (S)	0.75	0.91	1.20	1.56
45°エルボ (L)	0.56	0.69	0.90	1.17
T	1.42	1.74	2.29	2.97
径違いT (一段)	1.31	1.56	2.07	2.73
レジューサ (一段)	0.57	0.65	0.87	1.19
キャップ	0.33	0.40	0.51	0.86

鋼製溶接式フランジ

青銅弁 10K：180/170/260 12.0kg/個　180/210/240 14.0kg/個
ねずみ鋳鉄弁 5K：180/170/405 16.6kg/個　200/190/425 22.2kg/個
10K：200/220/310 21.0kg/個　220/135 14.5kg/個

記号	5K	10K	20K
D	155	175	175
C	130	140	140
R	110	116	116
t	14	18	20
T	−	−	30
a	1.4+t_n	1.4+t_n	1.4+t_n
d	M12	M16	M16
n本	4	4	8
kg/枚	1.48	2.58	2.73

鋳鋼弁 10K：200/190/460 26.0kg/個　224/216/390 33.0kg/個　216/175 23.0kg/個
鋳鋼弁 20K：224/241/530 40.0kg/個　250/292/445 45.0kg/個　292/185 39.0kg/個

図17-(7)　突合せ溶接式 (JIS)

12. 配管部品の寸法表 **105**

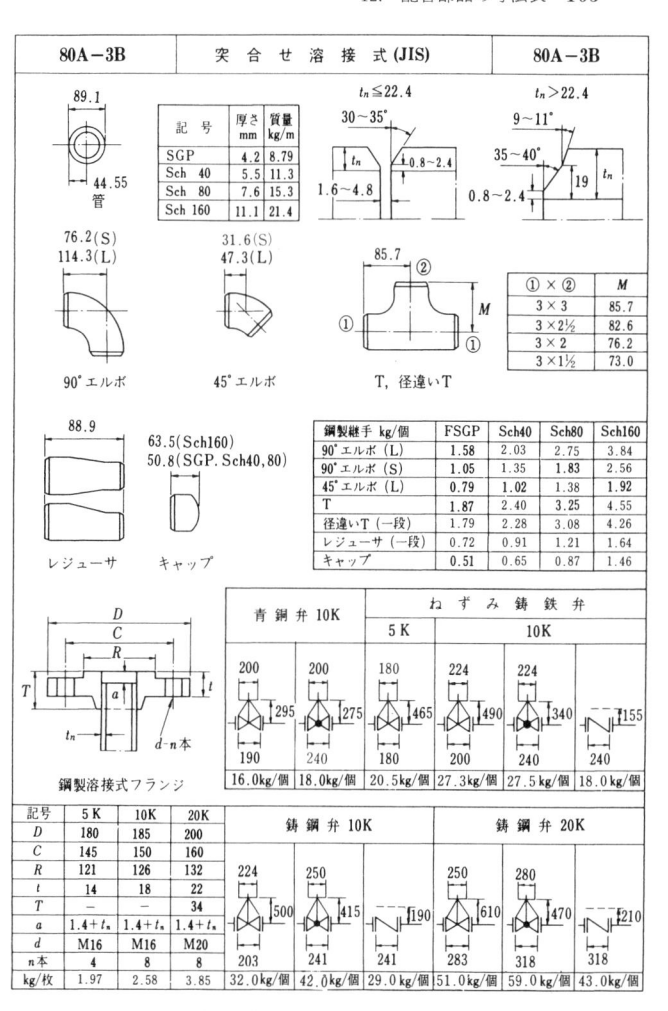

80A-3B	突合せ溶接式 (JIS)	80A-3B

管 (89.1 / 44.55)

記号	厚さ mm	質量 kg/m
SGP	4.2	8.79
Sch 40	5.5	11.3
Sch 80	7.6	15.3
Sch 160	11.1	21.4

$t_n \leq 22.4$: 30〜35°, 1.6〜4.8, 0.8〜2.4

$t_n > 22.4$: 9〜11°, 35〜40°, 0.8〜2.4, 19

90°エルボ: 76.2(S) / 114.3(L)

45°エルボ: 31.6(S) / 47.3(L)

T, 径違いT: 85.7, M

① × ②	M
3 × 3	85.7
3 × 2½	82.6
3 × 2	76.2
3 × 1½	73.0

レジューサ: 88.9

キャップ: 63.5(Sch160) / 50.8(SGP.Sch40,80)

鋼製継手 kg/個	FSGP	Sch40	Sch80	Sch160
90°エルボ (L)	1.58	2.03	2.75	3.84
90°エルボ (S)	1.05	1.35	1.83	2.56
45°エルボ (L)	0.79	1.02	1.38	1.92
T	1.87	2.40	3.25	4.55
径違いT (一段)	1.79	2.28	3.08	4.26
レジューサ (一段)	0.72	0.91	1.21	1.64
キャップ	0.51	0.65	0.87	1.46

鋼製溶接式フランジ

記号	5K	10K	20K
D	180	185	200
C	145	150	160
R	121	126	132
t	14	18	22
T	—	—	34
a	$1.4+t_n$	$1.4+t_n$	$1.4+t_n$
d	M16	M16	M20
n 本	4	8	8
kg/枚	1.97	2.58	3.85

青銅弁 10K

- 200 / 295 / 190 — 16.0 kg/個
- 200 / 275 / 240 — 18.0 kg/個

ねずみ鋳鉄弁

5K
- 180 / 465 / 180 — 20.5 kg/個
- 224 / 490 / 200 — 27.3 kg/個

10K
- 224 / 340 / 240 — 27.5 kg/個
- 155 / 240 — 18.0 kg/個

鋳鋼弁 10K
- 224 / 500 / 203 — 32.0 kg/個
- 250 / 415 / 241 — 42.0 kg/個
- 190 / 241 — 29.0 kg/個

鋳鋼弁 20K
- 250 / 610 / 283 — 51.0 kg/個
- 280 / 470 / 318 — 59.0 kg/個
- 210 / 318 — 43.0 kg/個

図17-(8) 突合せ溶接式 (JIS)

106 [I] 配管の設計

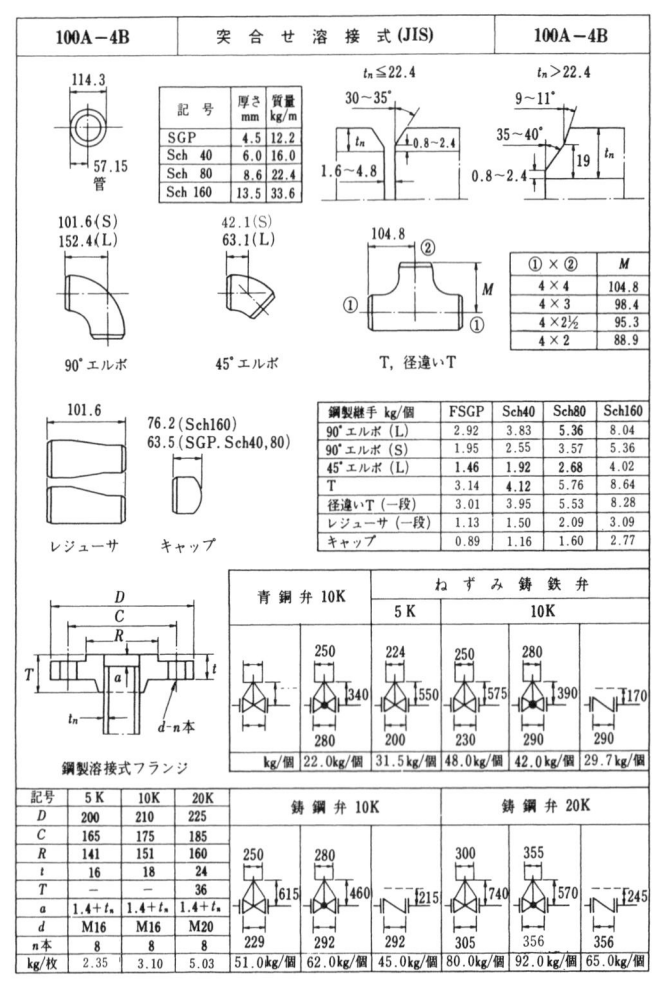

| 100A-4B | 突合せ溶接式 (JIS) | 100A-4B |

管 114.3 / 57.15

記号	厚さ mm	質量 kg/m
SGP	4.5	12.2
Sch 40	6.0	16.0
Sch 80	8.6	22.4
Sch 160	13.5	33.6

$t_n \leq 22.4$: 30～35°, 0.8～2.4, 1.6～4.8, t_n

$t_n > 22.4$: 9～11°, 35～40°, 0.8～2.4, 19, t_n

90°エルボ 101.6(S) / 152.4(L)

45°エルボ 42.1(S) / 63.1(L)

T, 径違いT 104.8 / M

①×②	M
4×4	104.8
4×3	98.4
4×2½	95.3
4×2	88.9

レジューサ 101.6

キャップ 76.2(Sch160) / 63.5(SGP.Sch40,80)

鋼製継手 kg/個	FSGP	Sch40	Sch80	Sch160
90°エルボ (L)	2.92	3.83	5.36	8.04
90°エルボ (S)	1.95	2.55	3.57	5.36
45°エルボ (L)	1.46	1.92	2.68	4.02
T	3.14	4.12	5.76	8.64
径違いT (一段)	3.01	3.95	5.53	8.28
レジューサ (一段)	1.13	1.50	2.09	3.09
キャップ	0.89	1.16	1.60	2.77

鋼製溶接式フランジ

記号	5K	10K	20K
D	200	210	225
C	165	175	185
R	141	151	160
t	16	18	24
T	—	—	36
a	$1.4+t_n$	$1.4+t_n$	$1.4+t_n$
d	M16	M16	M20
n本	8	8	8
kg/枚	2.35	3.10	5.03

青銅弁 10K: 250/280, 22.0kg/個

ねずみ鋳鉄弁
5K: 224/200, 340/550, 31.5kg/個
10K: 250/230, 575, 48.0kg/個; 280/290, 390, 42.0kg/個; 170/290, 29.7kg/個

鋳鋼弁 10K: 250/229, 615; 280/292, 460, 215; 292, 740, 51.0kg/個, 62.0kg/個, 45.0kg/個

鋳鋼弁 20K: 300/305, 570; 355/356, 740, 245; 356, 80.0kg/個, 92.0kg/個, 65.0kg/個

図 17-(9) 突合せ溶接式 (JIS)

12. 配管部品の寸法表

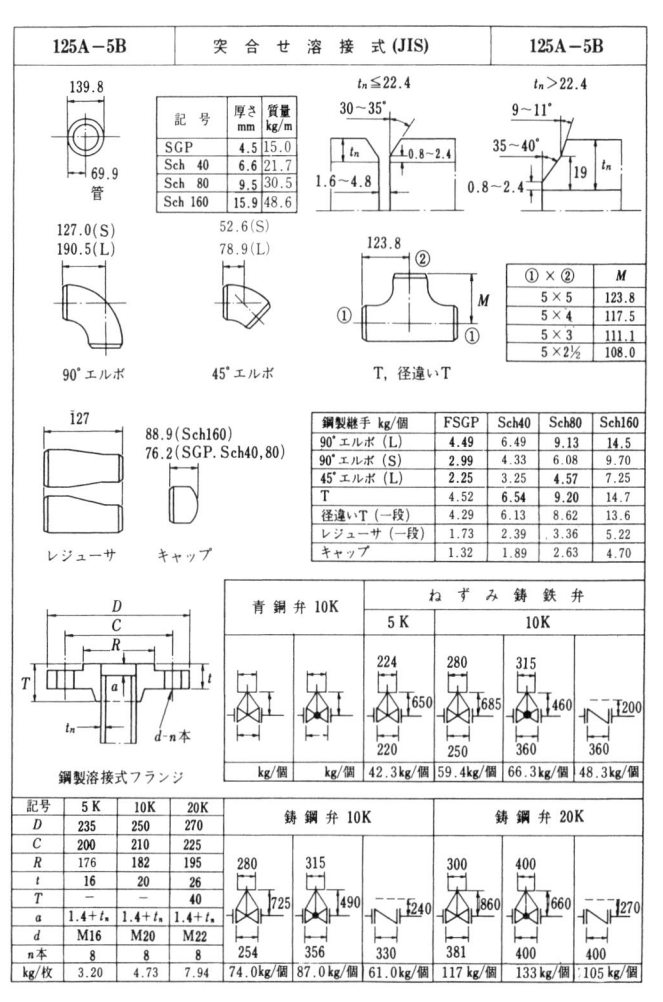

125A−5B	突合せ溶接式 (JIS)	125A−5B

管 139.8 / 69.9

記号	厚さ mm	質量 kg/m
SGP	4.5	15.0
Sch 40	6.6	21.7
Sch 80	9.5	30.5
Sch 160	15.9	48.6

$t_n \leq 22.4$: 30〜35°, 0.8〜2.4, 1.6〜4.8
$t_n > 22.4$: 9〜11°, 35〜40°, 0.8〜2.4, 19

90°エルボ 127.0(S) / 190.5(L)

45°エルボ 52.6(S) / 78.9(L)

T, 径違いT 123.8, M

①×②	M
5×5	123.8
5×4	117.5
5×3	111.1
5×2½	108.0

レジューサ 127

キャップ 88.9(Sch160) / 76.2(SGP, Sch40, 80)

鋼製継手 kg/個	FSGP	Sch40	Sch80	Sch160
90°エルボ (L)	4.49	6.49	9.13	14.5
90°エルボ (S)	2.99	4.33	6.08	9.70
45°エルボ (L)	2.25	3.25	4.57	7.25
T	4.52	6.54	9.20	14.7
径違いT (一段)	4.29	6.13	8.62	13.6
レジューサ (一段)	1.73	2.39	3.36	5.22
キャップ	1.32	1.89	2.63	4.70

鋼製溶接式フランジ

記号	5K	10K	20K
D	235	250	270
C	200	210	225
R	176	182	195
t	16	20	26
T	−	−	40
a	$1.4+t_n$	$1.4+t_n$	$1.4+t_n$
d	M16	M20	M22
n本	8	8	8
kg/枚	3.20	4.73	7.94

青銅弁 10K: kg/個, kg/個

ねずみ鋳鉄弁
5K: 224/650/220, 42.3kg/個
10K: 280/685/250, 59.4kg/個 ; 315/460/360, 66.3kg/個 ; 200/360, 48.3kg/個

鋳鋼弁 10K: 280/725/254, 74.0kg/個 ; 315/490/356, 87.0kg/個 ; 240/330, 61.0kg/個 ; 117kg/個

鋳鋼弁 20K: 300/860/381, 117kg/個 ; 400/660/400, 133kg/個 ; 270/400, 105kg/個

図 17-(10)　突合せ溶接式 (JIS)

108 [I] 配管の設計

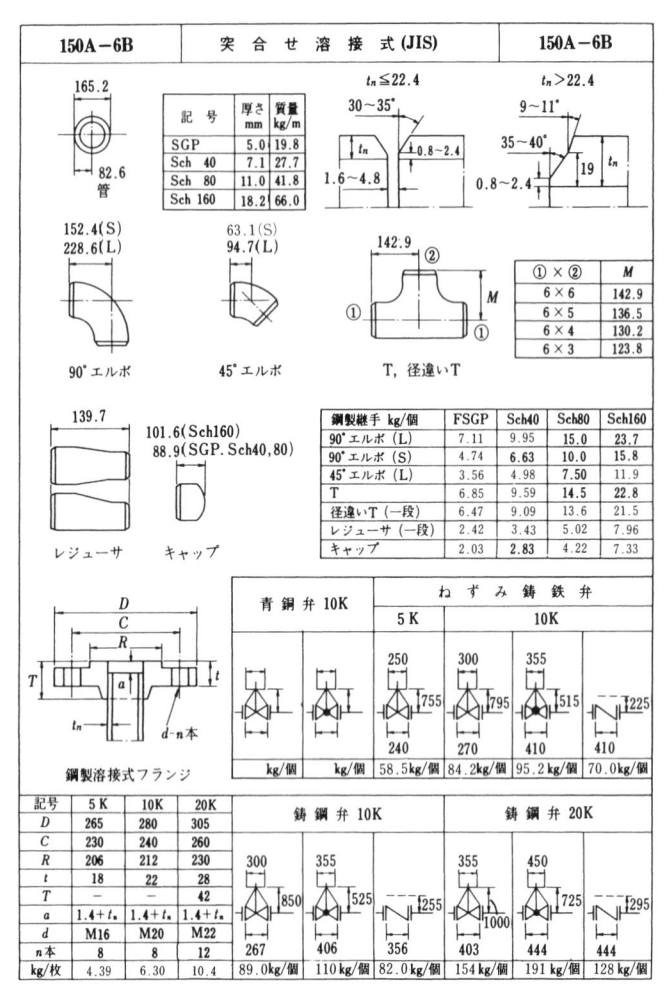

150A-6B　突合せ溶接式 (JIS)

管 165.2 / 82.6

記号	厚さ mm	質量 kg/m
SGP	5.0	19.8
Sch 40	7.1	27.7
Sch 80	11.0	41.8
Sch 160	18.2	66.0

$t_n \leq 22.4$: $30\sim35°$, $0.8\sim2.4$, $1.6\sim4.8$

$t_n > 22.4$: $9\sim11°$, $35\sim40°$, $0.8\sim2.4$, 19

90°エルボ: 152.4(S), 228.6(L)
45°エルボ: 63.1(S), 94.7(L)

T, 径違いT: 142.9

①×②	M
6×6	142.9
6×5	136.5
6×4	130.2
6×3	123.8

レジューサ: 139.7
キャップ: 101.6 (Sch160), 88.9 (SGP, Sch40, 80)

鋼製継手 kg/個	FSGP	Sch40	Sch80	Sch160
90°エルボ (L)	7.11	9.95	15.0	23.7
90°エルボ (S)	4.74	6.63	10.0	15.8
45°エルボ (L)	3.56	4.98	7.50	11.9
T	6.85	9.59	14.5	22.8
径違いT (一段)	6.47	9.09	13.6	21.5
レジューサ (一段)	2.42	3.43	5.02	7.96
キャップ	2.03	2.83	4.22	7.33

鋼製溶接式フランジ

記号	5K	10K	20K
D	265	280	305
C	230	240	260
R	206	212	230
t	18	22	28
T	–	–	42
a	$1.4+t_n$	$1.4+t_n$	$1.4+t_n$
d	M16	M20	M22
n本	8	8	12
kg/枚	4.39	6.30	10.4

青銅弁 10K: 58.5 kg/個

ねずみ鋳鉄弁
- 5K: 250/755/240 — 84.2 kg/個
- 10K: 300/795/270 — 95.2 kg/個; 355/515/410 — 70.0 kg/個; 355/225/410

鋳鋼弁 10K
- 300/850/267 — 89.0 kg/個
- 355/525/406 — 110 kg/個
- 355/255/356, 1000 — 82.0 kg/個

鋳鋼弁 20K
- 355/725/403 — 154 kg/個
- 450/295/444 — 191 kg/個
- 444 — 128 kg/個

図 17-(11)　突合せ溶接式 (JIS)

12. 配管部品の寸法表 **109**

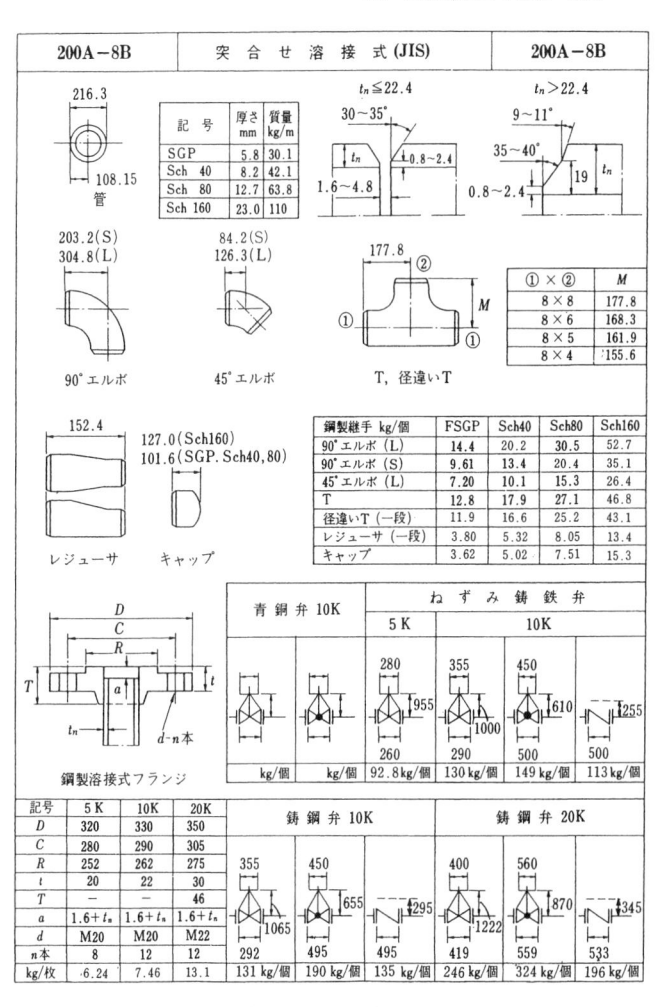

200A-8B	突合せ溶接式 (JIS)	200A-8B

216.3
108.15
管

記号	厚さ mm	質量 kg/m
SGP	5.8	30.1
Sch 40	8.2	42.1
Sch 80	12.7	63.8
Sch 160	23.0	110

$t_n \leq 22.4$
30〜35°
1.6〜4.8
0.8〜2.4

$t_n > 22.4$
9〜11°
35〜40°
0.8〜2.4
19

203.2(S)
304.8(L)
90°エルボ

84.2(S)
126.3(L)
45°エルボ

177.8
T, 径違いT

①×②	M
8×8	177.8
8×6	168.3
8×5	161.9
8×4	155.6

152.4
レジューサ

127.0(Sch160)
101.6(SGP.Sch40,80)
キャップ

鋼製継手 kg/個	FSGP	Sch40	Sch80	Sch160
90°エルボ (L)	14.4	20.2	30.5	52.7
90°エルボ (S)	9.61	13.4	20.4	35.1
45°エルボ (L)	7.20	10.1	15.3	26.4
T	12.8	17.9	27.1	46.8
径違いT (一段)	11.9	16.6	25.2	43.1
レジューサ (一段)	3.80	5.32	8.05	13.4
キャップ	3.62	5.02	7.51	15.3

鋼製溶接式フランジ

記号	5K	10K	20K
D	320	330	350
C	280	290	305
R	252	262	275
t	20	22	30
T	—	—	46
a	1.6+t_n	1.6+t_n	1.6+t_n
d	M20	M20	M22
n本	8	12	12
kg/枚	6.24	7.46	13.1

青銅弁 10K kg/個

ねずみ鋳鉄弁

	5K	10K		
	280 955 260	355 1000 290	450 610 500	255 500
	kg/個	92.8kg/個	130kg/個	149kg/個	113kg/個

鋳鋼弁 10K

355 655 292	450 1065 495	295 495
131kg/個	190kg/個	135kg/個

鋳鋼弁 20K

400 1222 419	560 870 559	345 533
246kg/個	324kg/個	196kg/個

図17-(12)　突合せ溶接式（JIS）

250A-10B 突合せ溶接式 (JIS)

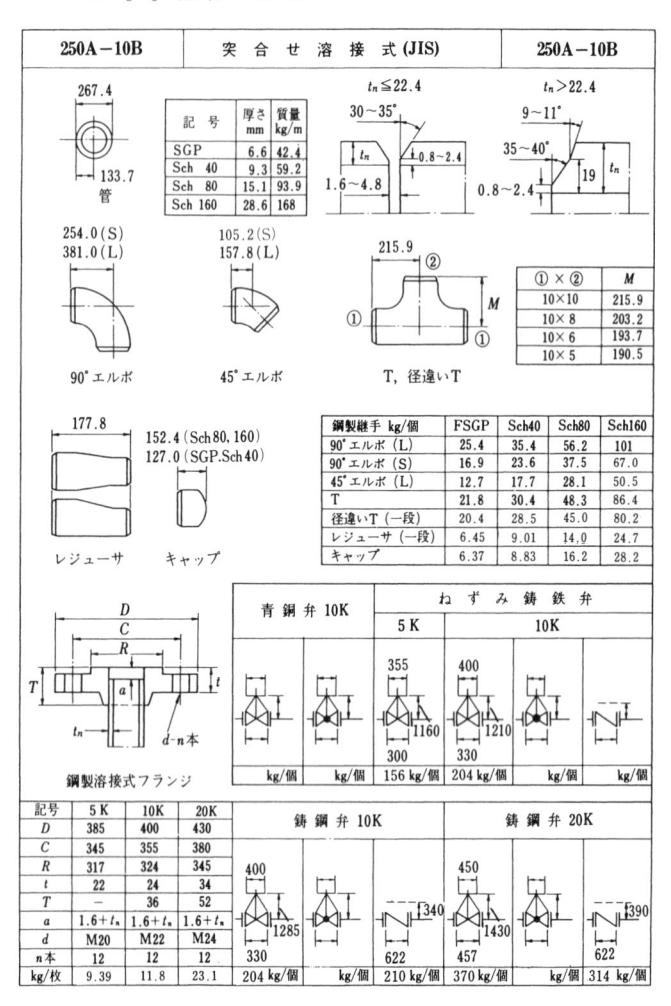

記号	厚さ mm	質量 kg/m
SGP	6.6	42.4
Sch 40	9.3	59.2
Sch 80	15.1	93.9
Sch 160	28.6	168

管 267.4 / 133.7

$t_n \leq 22.4$: 30~35°, 0.8~2.4, 1.6~4.8, t_n
$t_n > 22.4$: 9~11°, 35~40°, 0.8~2.4, 19, t_n

90°エルボ: 254.0 (S), 381.0 (L)
45°エルボ: 105.2 (S), 157.8 (L)

T, 径違いT: 215.9 ②, M ①

①×②	M
10×10	215.9
10×8	203.2
10×6	193.7
10×5	190.5

レジューサ: 177.8
キャップ: 152.4 (Sch80, 160), 127.0 (SGP, Sch40)

鋼製継手 kg/個	FSGP	Sch40	Sch80	Sch160
90°エルボ (L)	25.4	35.4	56.2	101
90°エルボ (S)	16.9	23.6	37.5	67.0
45°エルボ (L)	12.7	17.7	28.1	50.5
T	21.8	30.4	48.3	86.4
径違いT (一段)	20.4	28.5	45.0	80.2
レジューサ (一段)	6.45	9.01	14.0	24.7
キャップ	6.37	8.83	16.2	28.2

鋼製溶接式フランジ

記号	5K	10K	20K
D	385	400	430
C	345	355	380
R	317	324	345
t	22	24	34
T	—	36	52
a	$1.6+t_n$	$1.6+t_n$	$1.6+t_n$
d	M20	M22	M24
n本	12	12	12
kg/枚	9.39	11.8	23.1

青銅弁 10K: 355, 1160, 300 — 156 kg/個

ねずみ鋳鉄弁
- 5K: kg/個
- 10K: 400, 1210, 330 — 204 kg/個
- kg/個, kg/個

鋳鋼弁 10K: 400, 1285, 330 — 204 kg/個 ; 340, 622 — 210 kg/個

鋳鋼弁 20K: 450, 1430, 457 — 370 kg/個 ; 390, 622 — 314 kg/個

図 17-(13) 突合せ溶接式 (JIS)

12. 配管部品の寸法表　111

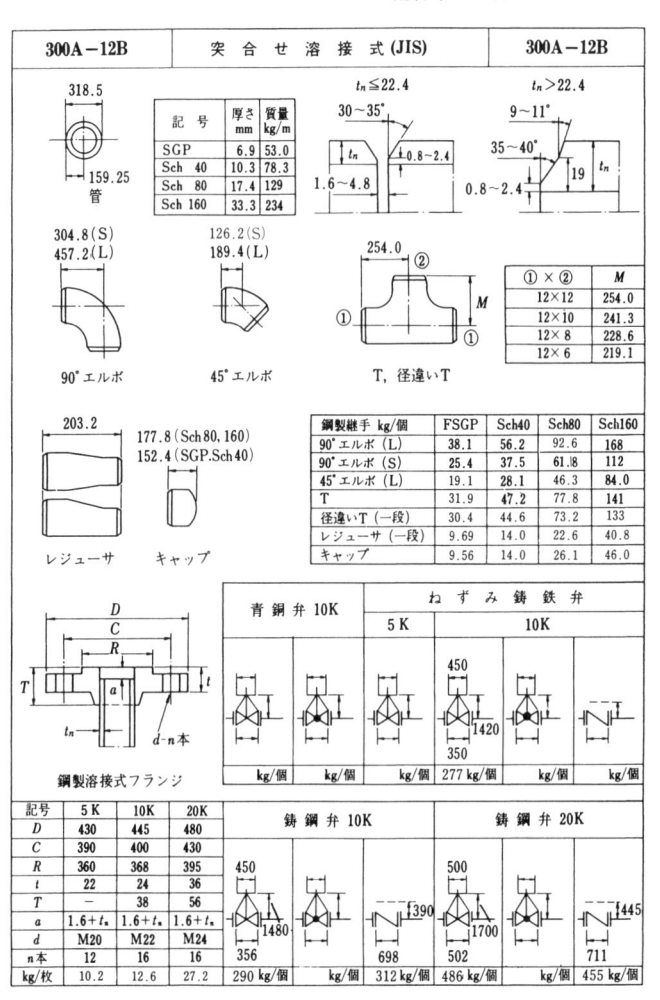

| 300A−12B | 突合せ溶接式 (JIS) | 300A−12B |

管 318.5 / 159.25

記号	厚さ mm	質量 kg/m
SGP	6.9	53.0
Sch 40	10.3	78.3
Sch 80	17.4	129
Sch 160	33.3	234

$t_n \leq 22.4$: 30〜35°, 0.8〜2.4, 1.6〜4.8, t_n
$t_n > 22.4$: 9〜11°, 35〜40°, 0.8〜2.4, 19, t_n

90°エルボ 304.8(S) / 457.2(L)
45°エルボ 126.2(S) / 189.4(L)
T, 径違いT 254.0

①×②	M
12×12	254.0
12×10	241.3
12×8	228.6
12×6	219.1

レジューサ 203.2
キャップ 177.8(Sch 80, 160) / 152.4(SGP, Sch 40)

鋼製継手 kg/個	FSGP	Sch40	Sch80	Sch160
90°エルボ (L)	38.1	56.2	92.6	168
90°エルボ (S)	25.4	37.5	61.8	112
45°エルボ (L)	19.1	28.1	46.3	84.0
T	31.9	47.2	77.8	141
径違いT (一段)	30.4	44.6	73.2	133
レジューサ (一段)	9.69	14.0	22.6	40.8
キャップ	9.56	14.0	26.1	46.0

鋼製溶接式フランジ

記号	5K	10K	20K
D	430	445	480
C	390	400	430
R	360	368	395
t	22	24	36
T	−	38	56
a	$1.6+t_n$	$1.6+t_n$	$1.6+t_n$
d	M20	M22	M24
n本	12	16	16
kg/枚	10.2	12.6	27.2

青銅弁 10K: kg/個

ねずみ鋳鉄弁
- 5K: kg/個
- 10K: 450, 1420, 350, 277 kg/個; kg/個

鋳鋼弁 10K: 450, 1480, 356, 290 kg/個; kg/個; 312 kg/個

鋳鋼弁 20K: 500, 390, 1700, 698, 502, 486 kg/個; 445, 711, 455 kg/個

図 17-(14)　突合せ溶接式 (JIS)

112 [Ⅰ] 配管の設計

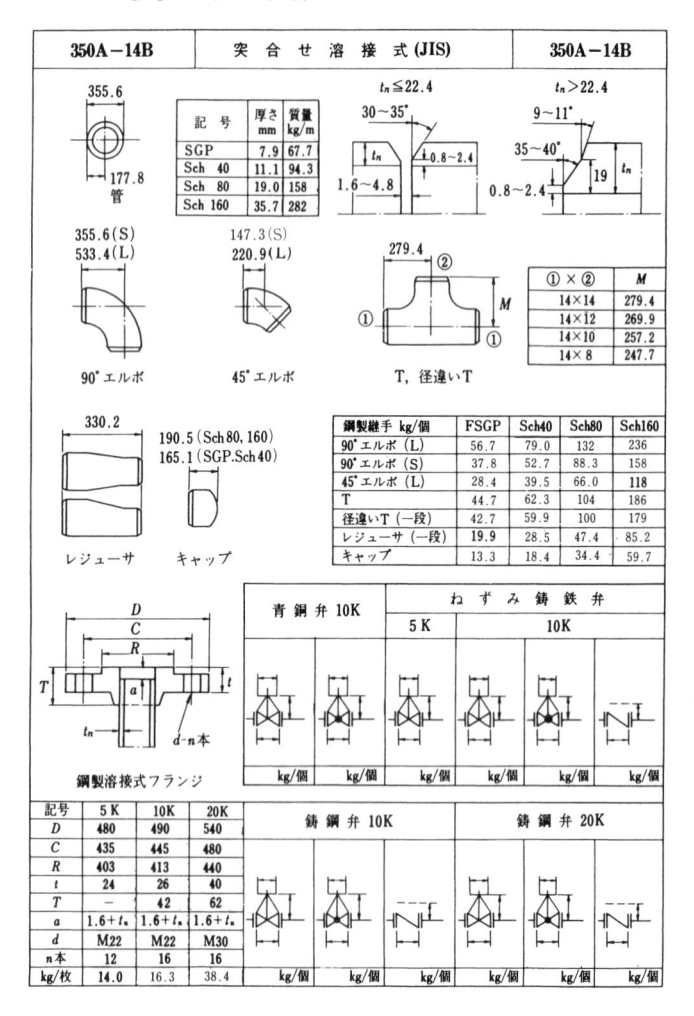

350A-14B 突合せ溶接式 (JIS) 350A-14B

管 355.6 / 177.8

記号	厚さ mm	質量 kg/m
SGP	7.9	67.7
Sch 40	11.1	94.3
Sch 80	19.0	158
Sch 160	35.7	282

$t_n \leq 22.4$: 30〜35°, t_n, 0.8〜2.4, 1.6〜4.8

$t_n > 22.4$: 9〜11°, 35〜40°, t_n, 19, 0.8〜2.4

90°エルボ 355.6(S) / 533.4(L)

45°エルボ 147.3(S) / 220.9(L)

T, 径違いT 279.4, M

①×②	M
14×14	279.4
14×12	269.9
14×10	257.2
14×8	247.7

レジューサ 330.2

キャップ 190.5 (Sch80, 160) / 165.1 (SGP, Sch40)

鋼製継手 kg/個	FSGP	Sch40	Sch80	Sch160
90°エルボ (L)	56.7	79.0	132	236
90°エルボ (S)	37.8	52.7	88.3	158
45°エルボ (L)	28.4	39.5	66.0	118
T	44.7	62.3	104	186
径違いT (一段)	42.7	59.9	100	179
レジューサ (一段)	19.9	28.5	47.4	85.2
キャップ	13.3	18.4	34.4	59.7

鋼製溶接式フランジ

記号	5K	10K	20K
D	480	490	540
C	435	445	480
R	403	413	440
t	24	26	40
T	—	42	62
a	1.6+t_n	1.6+t_n	1.6+t_n
d	M22	M22	M30
n本	12	16	16
kg/枚	14.0	16.3	38.4

青銅弁 10K — 5K / ねずみ鋳鉄弁 10K (kg/個)

鋳鋼弁 10K / 鋳鋼弁 20K (kg/個)

図 17-(15) 突合せ溶接式 (JIS)

12. 配管部品の寸法表　*113*

15A-½B	差込み溶接式 (JIS, JPI)	15A-½B

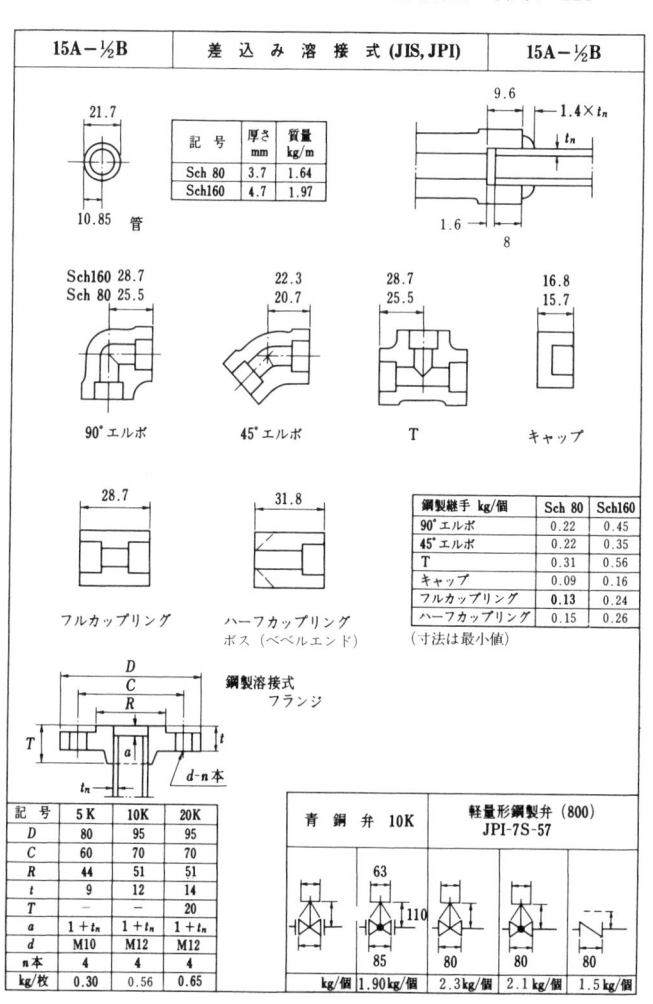

管 21.7 / 10.85

記号	厚さ mm	質量 kg/m
Sch 80	3.7	1.64
Sch160	4.7	1.97

9.6　1.4×t_n　t_n　1.6　8

90°エルボ：Sch160 28.7 / Sch 80 25.5
45°エルボ：22.3 / 20.7
T：28.7 / 25.5
キャップ：16.8 / 15.7

フルカップリング：28.7
ハーフカップリング　ボス（ベベルエンド）：31.8

鋼製継手 kg/個	Sch 80	Sch160
90°エルボ	0.22	0.45
45°エルボ	0.22	0.35
T	0.31	0.56
キャップ	0.09	0.16
フルカップリング	0.13	0.24
ハーフカップリング	0.15	0.26

（寸法は最小値）

鋼製溶接式フランジ

記号	5 K	10K	20K
D	80	95	95
C	60	70	70
R	44	51	51
t	9	12	14
T	—	—	20
a	1+t_n	1+t_n	1+t_n
d	M10	M12	M12
n本	4	4	4
kg/枚	0.30	0.56	0.65

青銅弁 10K	軽量形鋼製弁 (800) JPI-7S-57			
63 / 110 / 85	80	80	80
kg/個 1.90kg/個	2.3kg/個	2.1kg/個	1.5kg/個

図18-(1)　差込み溶接式 (JIS, JPI)

114 [Ⅰ] 配管の設計

| 20A-¾B | 差込み溶接式 (JIS, JPI) | 20A-¾B |

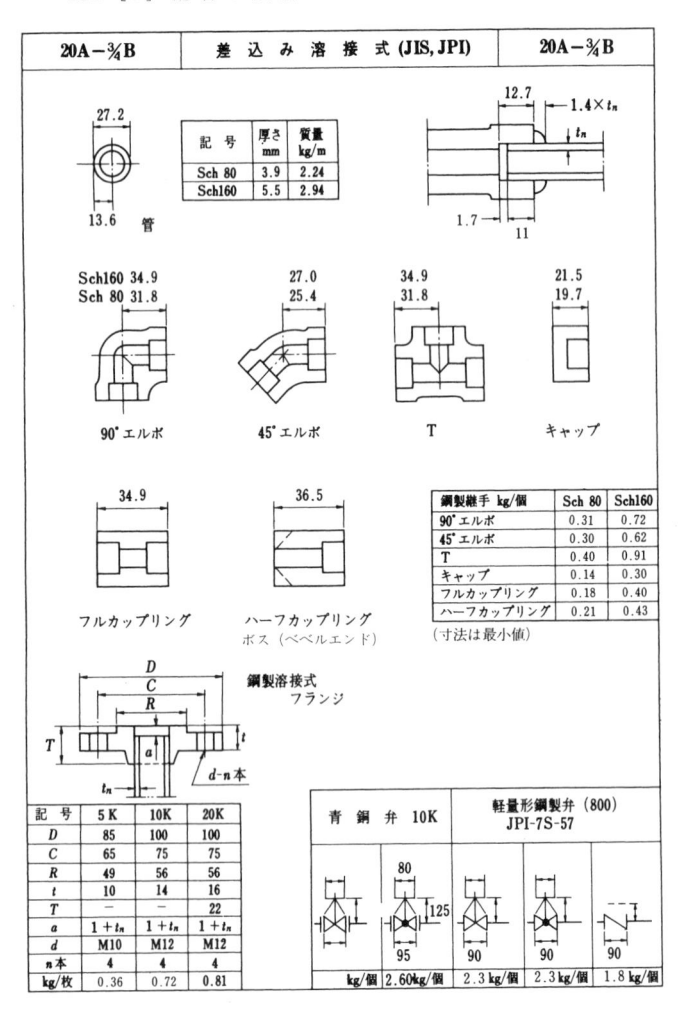

管 27.2 / 13.6

記号	厚さ mm	質量 kg/m
Sch 80	3.9	2.24
Sch160	5.5	2.94

差込み部寸法: 12.7, 1.4×t_n, t_n, 1.7, 11

90°エルボ Sch160 34.9 / Sch 80 31.8

45°エルボ 27.0 / 25.4

T 34.9 / 31.8

キャップ 21.5 / 19.7

フルカップリング 34.9

ハーフカップリング 36.5
ボス（ベベルエンド）

鋼製継手 kg/個	Sch 80	Sch160
90°エルボ	0.31	0.72
45°エルボ	0.30	0.62
T	0.40	0.91
キャップ	0.14	0.30
フルカップリング	0.18	0.40
ハーフカップリング	0.21	0.43

（寸法は最小値）

鋼製溶接式 フランジ

記号	5K	10K	20K
D	85	100	100
C	65	75	75
R	49	56	56
t	10	14	16
T	—	—	22
a	1+t_n	1+t_n	1+t_n
d	M10	M12	M12
n本	4	4	4
kg/枚	0.36	0.72	0.81

青銅弁 10K	軽量形鋼製弁 (800) JPI-7S-57
80 / 95, 2.60 kg/個	125 / 90, 2.3 kg/個 ; 90, 2.3 kg/個 ; 90, 1.8 kg/個

図 18-(2)　差込み溶接式（JIS, JPI）

12. 配管部品の寸法表　**115**

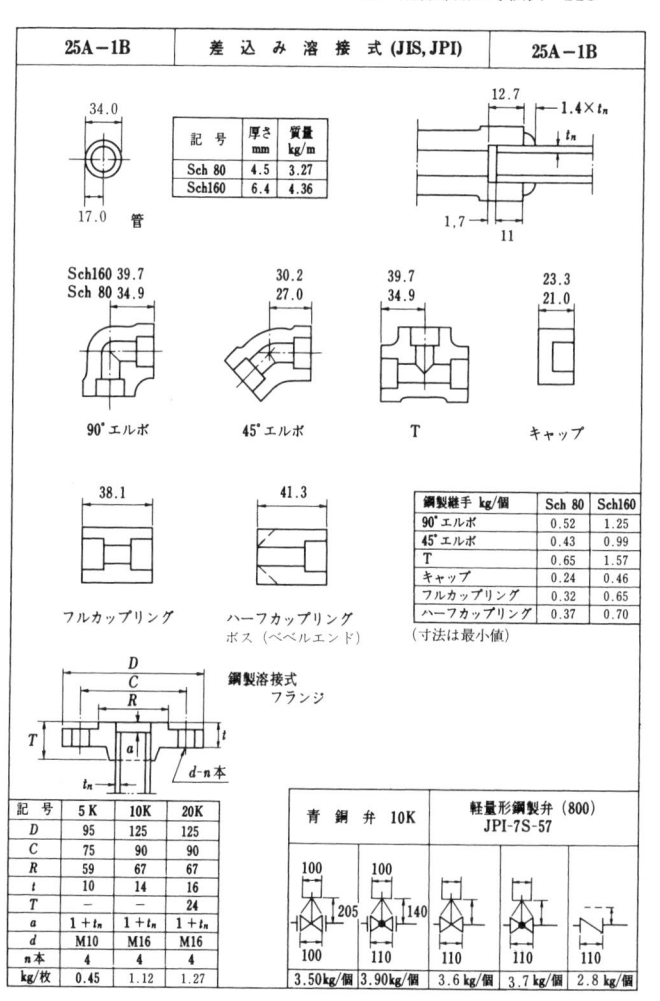

25A-1B	差込み溶接式 (JIS, JPI)	25A-1B

管 34.0 / 17.0

記号	厚さ mm	質量 kg/m
Sch 80	4.5	3.27
Sch160	6.4	4.36

12.7　1.4×t_n　t_n　1.7　11

90°エルボ　Sch160 39.7 / Sch 80 34.9

45°エルボ　30.2 / 27.0

T　39.7 / 34.9

キャップ　23.3 / 21.0

フルカップリング　38.1

ハーフカップリング　41.3
ボス（ベベルエンド）

鋼製継手 kg/個	Sch 80	Sch160
90°エルボ	0.52	1.25
45°エルボ	0.43	0.99
T	0.65	1.57
キャップ	0.24	0.46
フルカップリング	0.32	0.65
ハーフカップリング	0.37	0.70

（寸法は最小値）

鋼製溶接式 フランジ

記号	5K	10K	20K
D	95	125	125
C	75	90	90
R	59	67	67
t	10	14	16
T	—	—	24
a	1+t_n	1+t_n	1+t_n
d	M10	M16	M16
n 本	4	4	4
kg/枚	0.45	1.12	1.27

青銅弁 10K　100 / 205 / 100　3.50kg/個
　　　　　　　100 / 140 / 110　3.90kg/個

軽量形鋼製弁 (800) JPI-7S-57
110　3.6 kg/個
110　3.7 kg/個
110　2.8 kg/個

図 18-(3)　差込み溶接式 (JIS, JPI)

116 [Ⅰ] 配管の設計

| 32A-1¼B | 差込み溶接式 (JIS, JPI) | 32A-1¼B |

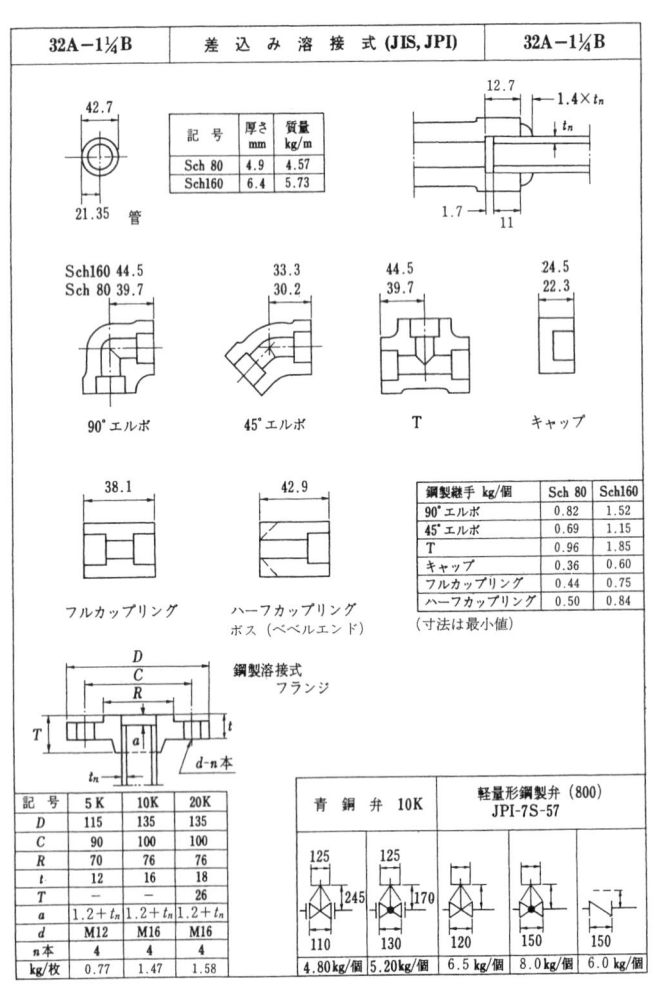

管 42.7 / 21.35

記号	厚さ mm	質量 kg/m
Sch 80	4.9	4.57
Sch160	6.4	5.73

12.7, 1.4×t_n, t_n, 1.7, 11

90°エルボ　Sch160 44.5／Sch 80 39.7

45°エルボ　33.3／30.2

T　44.5／39.7

キャップ　24.5／22.3

フルカップリング　38.1

ハーフカップリング ボス (ベベルエンド)　42.9

鋼製継手 kg/個	Sch 80	Sch160
90°エルボ	0.82	1.52
45°エルボ	0.69	1.15
T	0.96	1.85
キャップ	0.36	0.60
フルカップリング	0.44	0.75
ハーフカップリング	0.50	0.84

(寸法は最小値)

鋼製溶接式フランジ

記号	5K	10K	20K
D	115	135	135
C	90	100	100
R	70	76	76
t	12	16	18
T	—	—	26
a	1.2+t_n	1.2+t_n	1.2+t_n
d	M12	M16	M16
n本	4	4	4
kg/枚	0.77	1.47	1.58

青銅弁 10K　125　245　110　4.80kg/個
　　　　　　　125　170　130　5.20kg/個

軽量形鋼製弁 (800) JPI-7S-57　120　150　6.5 kg/個　8.0 kg/個
　　　　　　　　　　　　　　150　6.0 kg/個

図18-(4)　差込み溶接式 (JIS, JPI)

12. 配管部品の寸法表 *117*

40A-1½B	差込み溶接式 (JIS, JPI)	40A-1½B

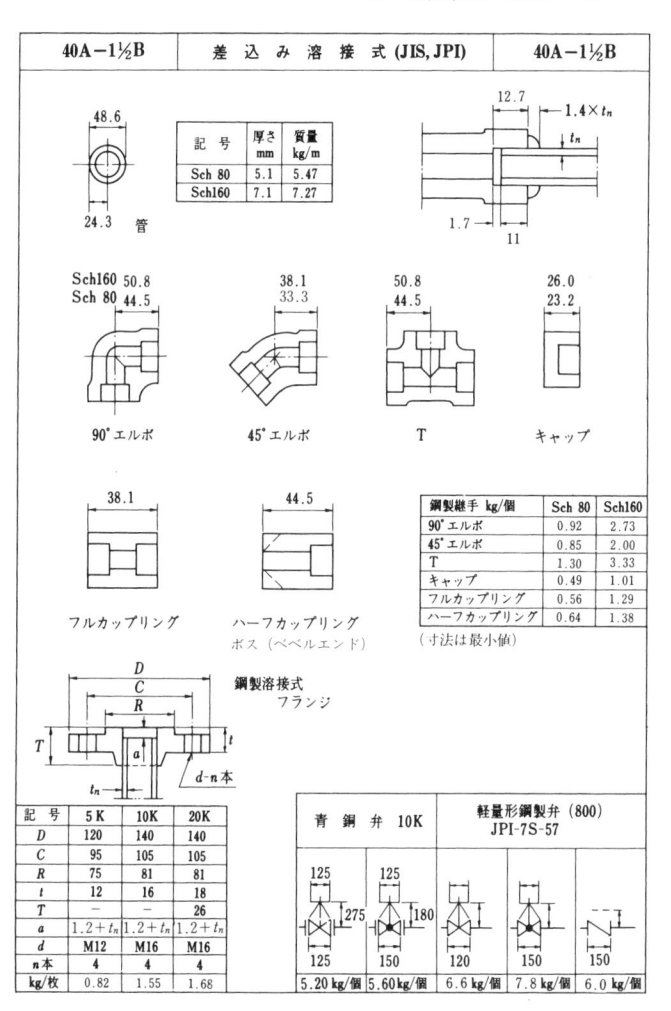

記号	厚さ mm	質量 kg/m
Sch 80	5.1	5.47
Sch160	7.1	7.27

90°エルボ Sch160 50.8 / Sch 80 44.5

45°エルボ 38.1 / 33.3

T 50.8 / 44.5

キャップ 26.0 / 23.2

フルカップリング 38.1

ハーフカップリング 44.5
ボス (ベベルエンド)

鋼製継手 kg/個	Sch 80	Sch160
90°エルボ	0.92	2.73
45°エルボ	0.85	2.00
T	1.30	3.33
キャップ	0.49	1.01
フルカップリング	0.56	1.29
ハーフカップリング	0.64	1.38

(寸法は最小値)

鋼製溶接式フランジ

記号	5K	10K	20K
D	120	140	140
C	95	105	105
R	75	81	81
t	12	16	18
T	—	—	26
a	$1.2+t_n$	$1.2+t_n$	$1.2+t_n$
d	M12	M16	M16
n本	4	4	4
kg/枚	0.82	1.55	1.68

青銅弁 10K — 5.20 kg/個, 5.60 kg/個

軽量形鋼製弁 (800) JPI-7S-57 — 6.6 kg/個, 7.8 kg/個, 6.0 kg/個

図18-(5) 差込み溶接式 (JIS, JPI)

118 [I] 配管の設計

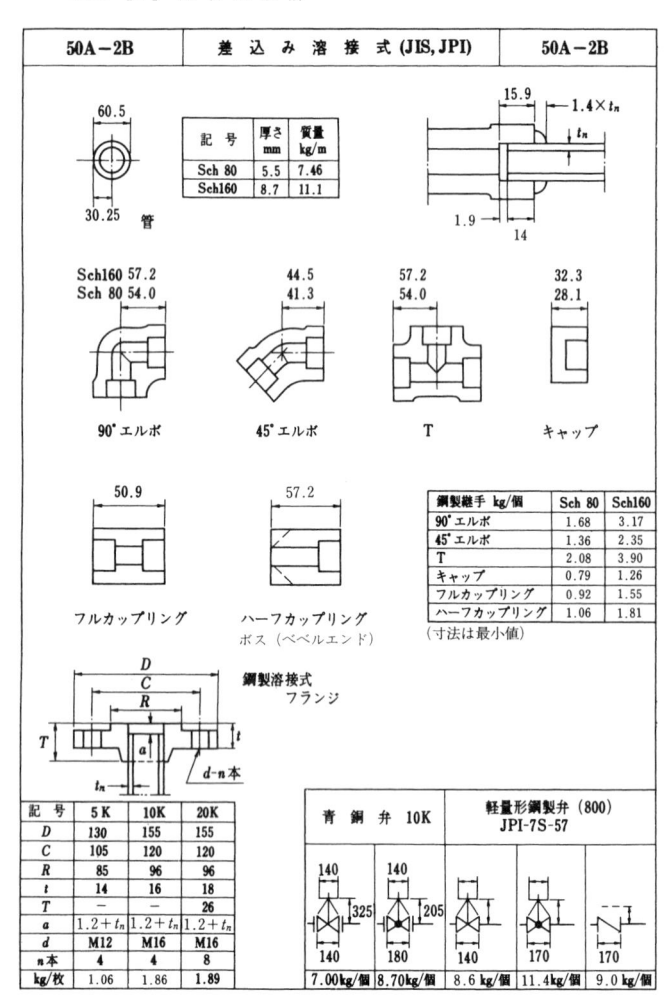

50A-2B	差込み溶接式 (JIS, JPI)	50A-2B

管 60.5 / 30.25

記号	厚さ mm	質量 kg/m
Sch 80	5.5	7.46
Sch160	8.7	11.1

15.9　1.4×t_n　t_n　1.9　14

90°エルボ　Sch160 57.2／Sch 80 54.0
45°エルボ　44.5／41.3
T　57.2／54.0
キャップ　32.3／28.1

フルカップリング　50.9
ハーフカップリング（ボス（ベベルエンド））　57.2

鋼製継手 kg/個	Sch 80	Sch160
90°エルボ	1.68	3.17
45°エルボ	1.36	2.35
T	2.08	3.90
キャップ	0.79	1.26
フルカップリング	0.92	1.55
ハーフカップリング	1.06	1.81

（寸法は最小値）

鋼製溶接式フランジ

記号	5K	10K	20K
D	130	155	155
C	105	120	120
R	85	96	96
t	14	16	18
T	−	−	26
a	1.2+t_n	1.2+t_n	1.2+t_n
d	M12	M16	M16
n本	4	4	4
kg/枚	1.06	1.86	1.89

青銅弁 10K		軽量形鋼製弁 (800) JPI-7S-57		
140／140 325	140／180 205	140／140	170／170	170
7.00kg/個	8.70kg/個	8.6kg/個	11.4kg/個	9.0kg/個

図18-(6) 差込み溶接式 (JIS, JPI)

12. 配管部品の寸法表 **119**

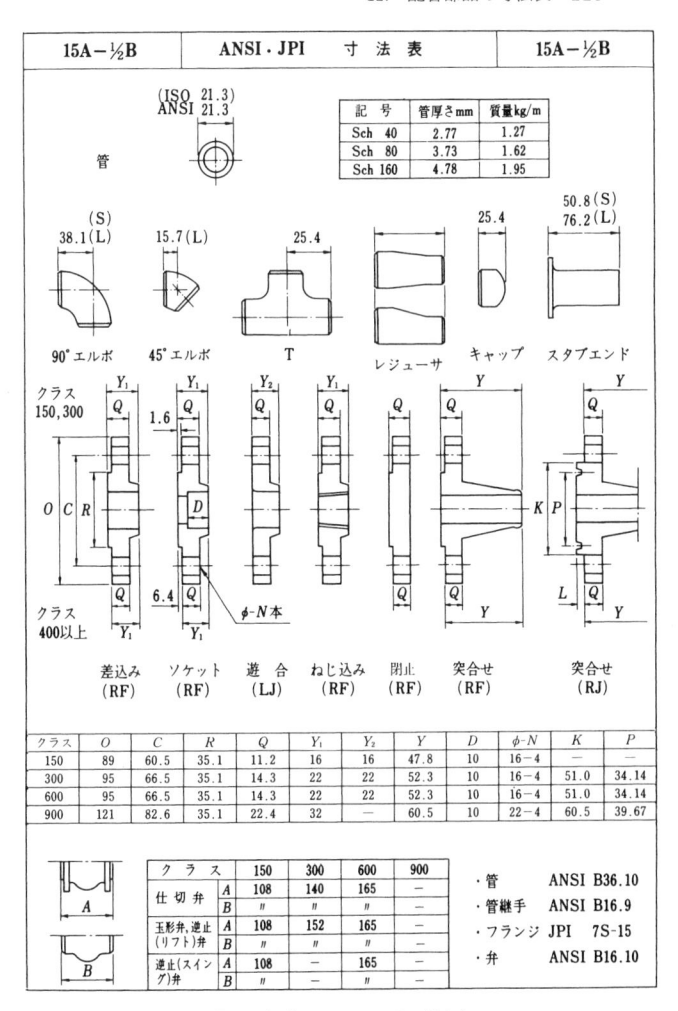

| 15A-½B | ANSI・JPI 寸 法 表 | 15A-½B |

管　(ISO 21.3) ANSI 21.3

記号	管厚さmm	質量kg/m
Sch 40	2.77	1.27
Sch 80	3.73	1.62
Sch 160	4.78	1.95

- 90°エルボ (S) 38.1 (L)
- 45°エルボ 15.7 (L)
- T 25.4
- レジューサ
- キャップ 25.4
- スタブエンド 50.8(S) 76.2(L)

クラス 150, 300
クラス 400以上

- 差込み (RF)
- ソケット (RF)
- 遊合 (LJ)
- ねじ込み (RF)
- 閉止 (RF)
- 突合せ (RF)
- 突合せ (RJ)

クラス	O	C	R	Q	Y₁	Y₂	Y	D	φ-N	K	P
150	89	60.5	35.1	11.2	16	16	47.8	10	16-4	—	—
300	95	66.5	35.1	14.3	22	22	52.3	10	16-4	51.0	34.14
600	95	66.5	35.1	14.3	22	22	52.3	10	16-4	51.0	34.14
900	121	82.6	35.1	22.4	32		60.5	10	22-4	60.5	39.67

クラス		150	300	600	900
仕切弁	A	108	140	165	—
	B	〃	〃	〃	—
玉形弁, 逆止(リフト)弁	A	108	152	165	—
	B	〃	〃	〃	—
逆止(スイング)弁	A	108	—	165	—
	B	〃	—	〃	—

- 管　　　ANSI B36.10
- 管継手　ANSI B16.9
- フランジ JPI 7S-15
- 弁　　　ANSI B16.10

図 19-(1)　ANSI・JPI 寸法表

120 [I] 配管の設計

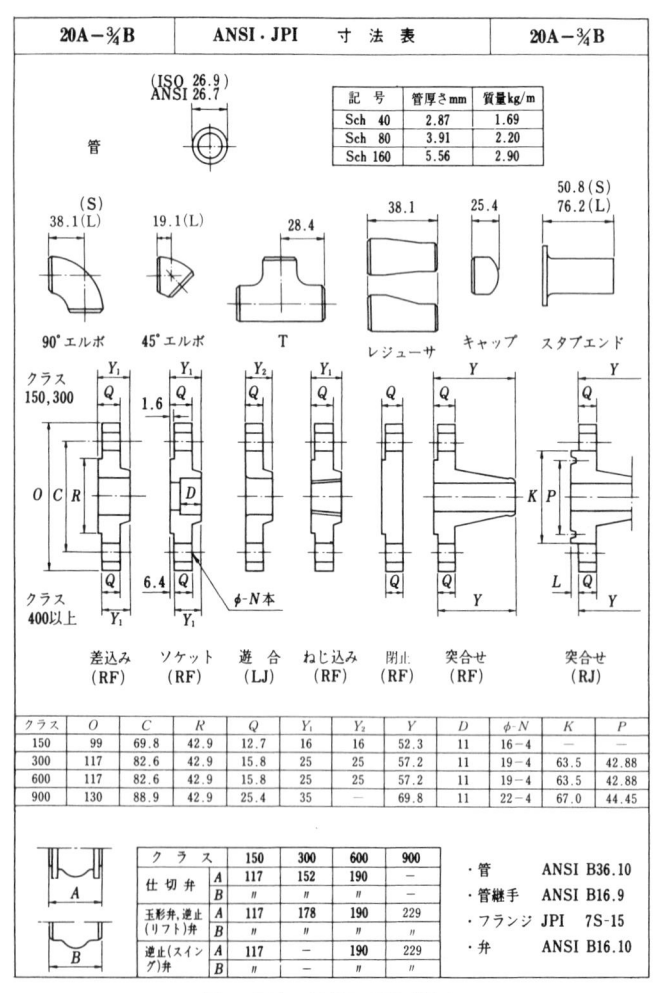

| 20A-¾B | ANSI・JPI　寸法表 | 20A-¾B |

管　(ISO 26.9) ANSI 26.7

記号	管厚さmm	質量kg/m
Sch 40	2.87	1.69
Sch 80	3.91	2.20
Sch 160	5.56	2.90

- 90°エルボ (S) 38.1(L)
- 45°エルボ 19.1(L)
- T 28.4
- レジューサ 38.1
- キャップ 25.4
- スタブエンド 50.8(S) 76.2(L)

クラス150, 300 / クラス400以上

- 差込み (RF)
- ソケット (RF)　1.6 / 6.4
- 遊合 (LJ)
- ねじ込み (RF)
- 閉止 (RF)
- 突合せ (RF)
- 突合せ (RJ)

クラス	O	C	R	Q	Y₁	Y₂	Y	D	φ-N	K	P
150	99	69.8	42.9	12.7	16	16	52.3	11	16-4	—	—
300	117	82.6	42.9	15.8	25	25	57.2	11	19-4	63.5	42.88
600	117	82.6	42.9	15.8	25	25	57.2	11	19-4	63.5	42.88
900	130	88.9	42.9	25.4	35		69.8	11	22-4	67.0	44.45

クラス		150	300	600	900
仕切弁	A	117	152	190	—
	B	〃	〃	〃	
玉形弁, 逆止(リフト)弁	A	117	178	190	229
	B	〃	〃	〃	〃
逆止(スイング)弁	A	117	—	190	229
	B	〃		〃	〃

- 管　ANSI B36.10
- 管継手　ANSI B16.9
- フランジ　JPI 7S-15
- 弁　ANSI B16.10

図19-(2)　ANSI・JPI寸法表

12. 配管部品の寸法表 **121**

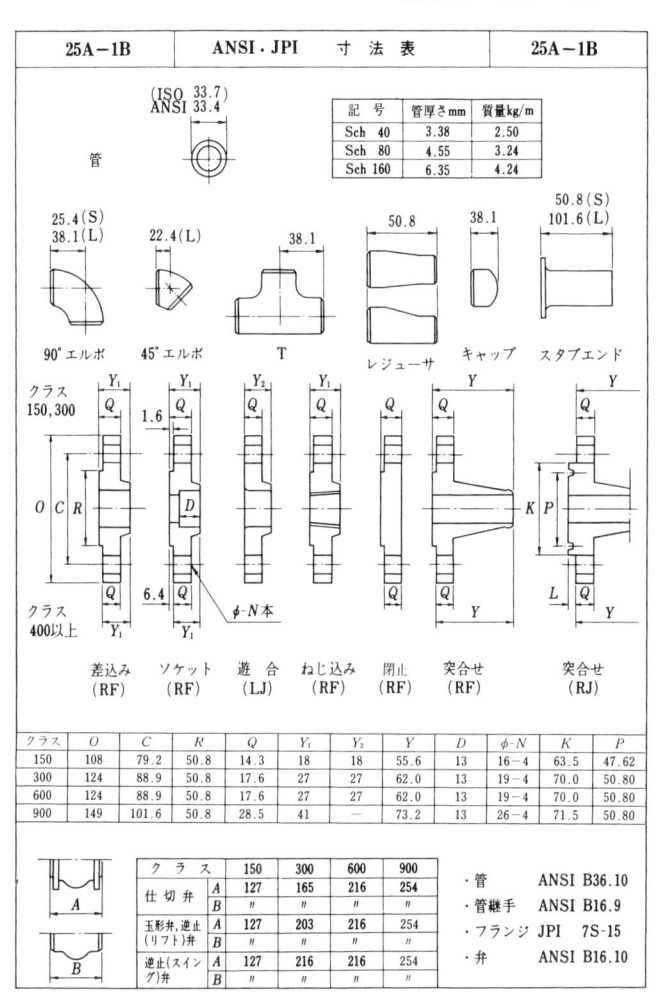

25A−1B	ANSI・JPI　寸　法　表	25A−1B

管　(ISO 33.7) ANSI 33.4

記号	管厚さmm	質量kg/m
Sch 40	3.38	2.50
Sch 80	4.55	3.24
Sch 160	6.35	4.24

25.4(S) 38.1(L)　22.4(L)　38.1　50.8　38.1　50.8(S) 101.6(L)

90°エルボ　45°エルボ　T　レジューサ　キャップ　スタブエンド

クラス 150, 300

クラス 400以上

差込み (RF)　ソケット (RF)　遊合 (LJ)　ねじ込み (RF)　閉止 (RF)　突合せ (RF)　突合せ (RJ)

クラス	O	C	R	Q	Y₁	Y₂	Y	D	φ−N	K	P
150	108	79.2	50.8	14.3	18	18	55.6	13	16−4	63.5	47.62
300	124	88.9	50.8	17.6	27	27	62.0	13	19−4	70.0	50.80
600	124	88.9	50.8	17.6	27	27	62.0	13	19−4	70.0	50.80
900	149	101.6	50.8	28.5	41	—	73.2	13	26−4	71.5	50.80

クラス		150	300	600	900
仕切弁	A	127	165	216	254
	B	〃	〃	〃	〃
玉形弁,逆止 (リフト)弁	A	127	203	216	254
	B	〃	〃	〃	〃
逆止(スイング)弁	A	127	216	216	254
	B	〃	〃	〃	〃

・管　　　ANSI B36.10
・管継手　ANSI B16.9
・フランジ JPI　7S-15
・弁　　　ANSI B16.10

図 19-(3)　ANSI・JPI 寸法表

122 ［Ⅰ］配 管 の 設 計

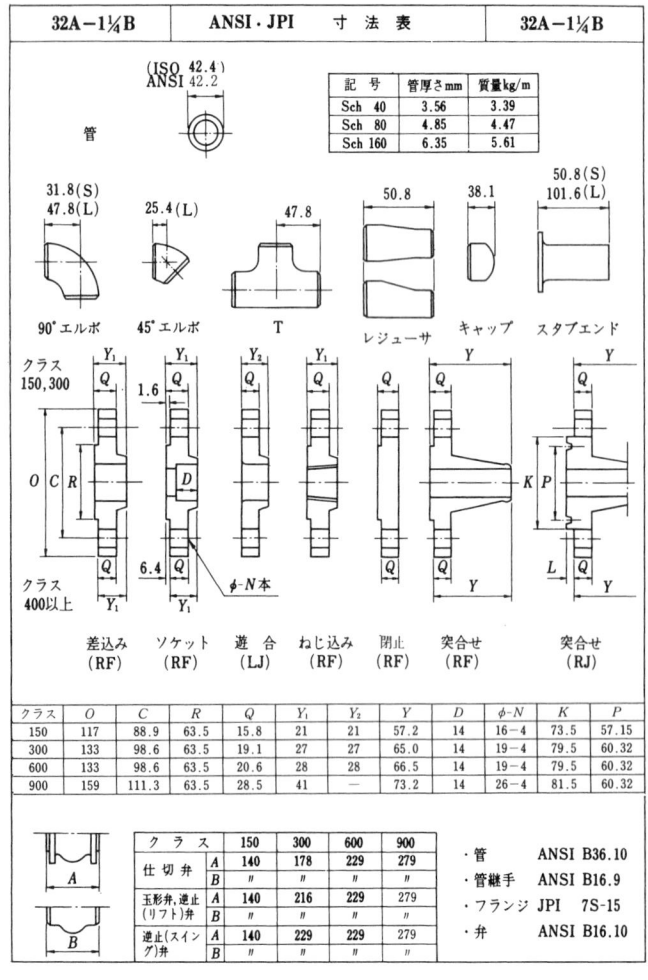

| 32A-1¼B | ANSI・JPI　寸法表 | 32A-1¼B |

管　(ISO 42.4)　ANSI 42.2

記　号	管厚さmm	質量kg/m
Sch 40	3.56	3.39
Sch 80	4.85	4.47
Sch 160	6.35	5.61

31.8(S) / 47.8(L)　90°エルボ
25.4(L)　45°エルボ
47.8　T
50.8　レジューサ
38.1　キャップ
50.8(S) / 101.6(L)　スタブエンド

クラス 150, 300 / クラス 400以上

差込み (RF)　ソケット (RF)　遊合 (LJ)　ねじ込み (RF)　閉止 (RF)　突合せ (RF)　突合せ (RJ)

クラス	O	C	R	Q	Y₁	Y₂	Y	D	φ-N	K	P
150	117	88.9	63.5	15.8	21	21	57.2	14	16-4	73.5	57.15
300	133	98.6	63.5	19.1	27	27	65.0	14	19-4	79.5	60.32
600	133	98.6	63.5	20.6	28	28	66.5	14	19-4	79.5	60.32
900	159	111.3	63.5	28.5	41	—	73.2	14	26-4	81.5	60.32

クラス		150	300	600	900
仕切弁	A	140	178	229	279
	B	〃	〃	〃	〃
玉形弁, 逆止 (リフト)弁	A	140	216	229	279
	B	〃	〃	〃	〃
逆止(スイング)弁	A	140	229	229	279
	B	〃	〃	〃	〃

・管　　　ANSI B36.10
・管継手　ANSI B16.9
・フランジ JPI 7S-15
・弁　　　ANSI B16.10

図19-(4)　ANSI・JPI 寸法表

12. 配管部品の寸法表 **123**

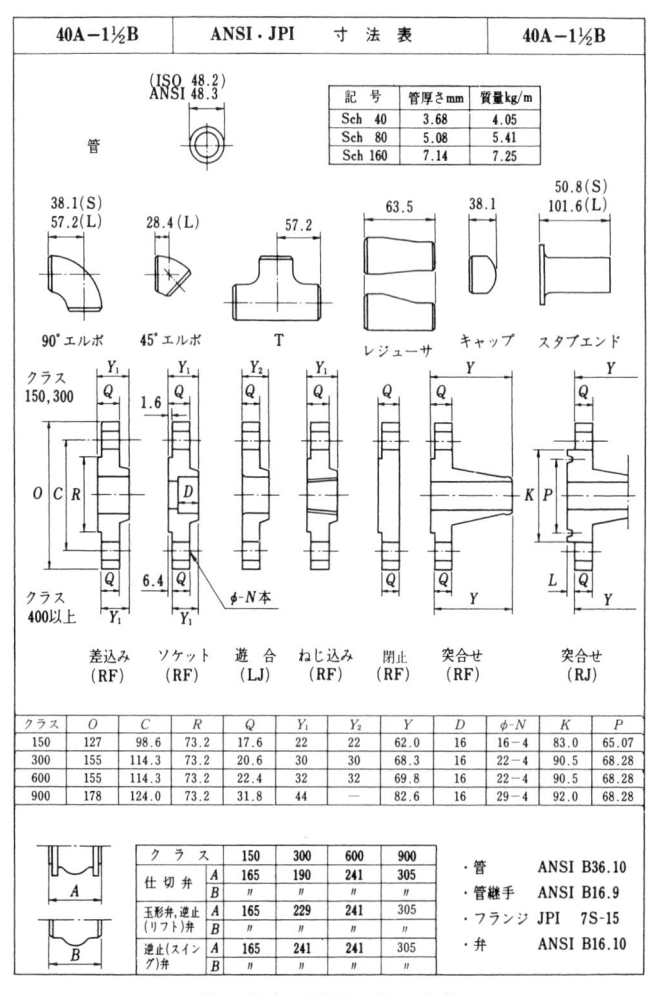

40A-1½B	ANSI・JPI 寸 法 表	40A-1½B

管 (ISO 48.2) ANSI 48.3

記号	管厚さmm	質量kg/m
Sch 40	3.68	4.05
Sch 80	5.08	5.41
Sch 160	7.14	7.25

38.1(S) 57.2(L) — 90°エルボ
28.4(L) — 45°エルボ
57.2 — T
63.5 — レジューサ
38.1 — キャップ
50.8(S) 101.6(L) — スタブエンド

クラス 150, 300
クラス 400以上

差込み (RF) / ソケット (RF) / 遊合 (LJ) / ねじ込み (RF) / 閉止 (RF) / 突合せ (RF) / 突合せ (RJ)

クラス	O	C	R	Q	Y₁	Y₂	Y	D	φ-N	K	P
150	127	98.6	73.2	17.6	22	22	62.0	16	16-4	83.0	65.07
300	155	114.3	73.2	20.6	30	30	68.3	16	22-4	90.5	68.28
600	155	114.3	73.2	22.4	32	32	69.8	16	22-4	90.5	68.28
900	178	124.0	73.2	31.8	44	—	82.6	16	29-4	92.0	68.28

クラス		150	300	600	900
仕切弁	A	165	190	241	305
	B	〃	〃	〃	〃
玉形弁,逆止 (リフト)弁	A	165	229	241	305
	B	〃	〃	〃	〃
逆止(スイング)弁	A	165	241	241	305
	B	〃	〃	〃	〃

・管　　ANSI B36.10
・管継手　ANSI B16.9
・フランジ JPI 7S-15
・弁　　ANSI B16.10

図19-(5) ANSI・JPI 寸法表

124 [I] 配管の設計

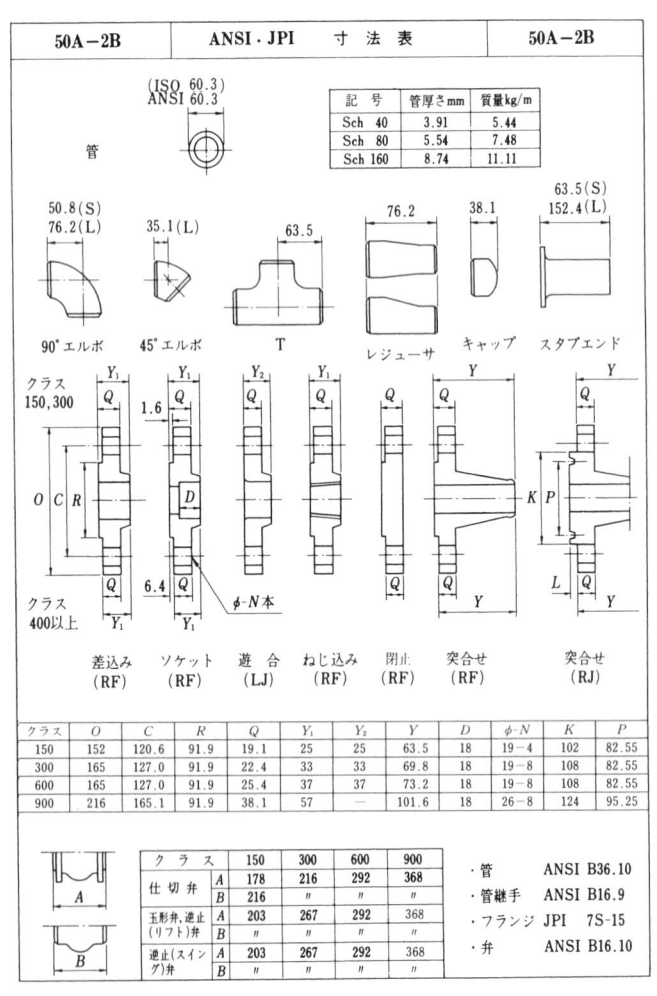

50A-2B	ANSI・JPI 寸法表	50A-2B

管　(ISO 60.3) ANSI 60.3

記号	管厚さmm	質量kg/m
Sch 40	3.91	5.44
Sch 80	5.54	7.48
Sch 160	8.74	11.11

50.8(S) / 76.2(L) 　 35.1(L) 　 63.5 　 76.2 　 38.1 　 63.5(S) / 152.4(L)

90°エルボ　　45°エルボ　　T　　レジューサ　　キャップ　　スタブエンド

クラス 150, 300 ／ クラス 400以上

差込み(RF)　ソケット(RF)　遊合(LJ)　ねじ込み(RF)　閉止(RF)　突合せ(RF)　突合せ(RJ)

クラス	O	C	R	Q	Y_1	Y_2	Y	D	$\phi-N$	K	P
150	152	120.6	91.9	19.1	25	25	63.5	18	19-4	102	82.55
300	165	127.0	91.9	22.4	33	33	69.8	18	19-8	108	82.55
600	165	127.0	91.9	25.4	37	37	73.2	18	19-8	108	82.55
900	216	165.1	91.9	38.1	57	—	101.6	18	26-8	124	95.25

クラス		150	300	600	900
仕切弁	A	178	216	292	368
	B	216	〃	〃	〃
玉形弁,逆止(リフト)弁	A	203	267	292	368
	B	〃	〃	〃	〃
逆止(スイング)弁	A	203	267	292	368
	B	〃	〃	〃	〃

・管　　　ANSI B36.10
・管継手　ANSI B16.9
・フランジ JPI 7S-15
・弁　　　ANSI B16.10

図 19-(6) ANSI・JPI 寸法表

12. 配管部品の寸法表 **125**

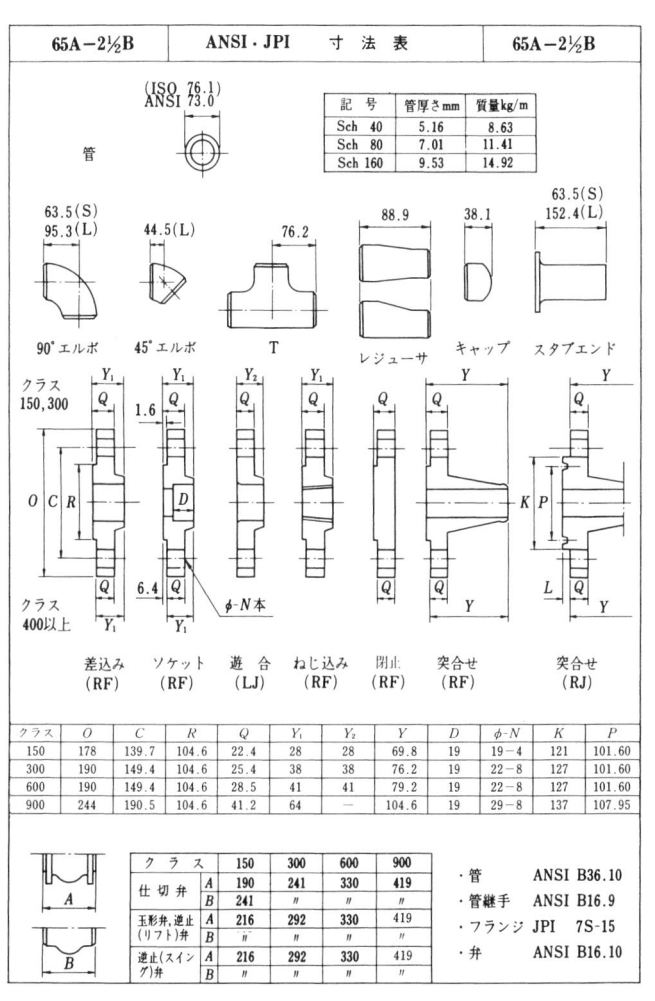

| 65A-2½B | ANSI・JPI　寸　法　表 | 65A-2½B |

管　(ISO 76.1) ANSI 73.0

記号	管厚さmm	質量kg/m
Sch 40	5.16	8.63
Sch 80	7.01	11.41
Sch 160	9.53	14.92

63.5(S) / 95.3(L)　90°エルボ
44.5(L)　45°エルボ
76.2　T
88.9　レジューサ
38.1　キャップ
63.5(S) / 152.4(L)　スタブエンド

クラス 150, 300
クラス 400以上

差込み (RF)　ソケット (RF)　遊合 (LJ)　ねじ込み (RF)　閉止 (RF)　突合せ (RF)　突合せ (RJ)

クラス	O	C	R	Q	Y₁	Y₂	Y	D	φ-N	K	P
150	178	139.7	104.6	22.4	28	28	69.8	19	19-4	121	101.60
300	190	149.4	104.6	25.4	38	38	76.2	19	22-8	127	101.60
600	190	149.4	104.6	28.5	41	41	79.2	19	22-8	127	101.60
900	244	190.5	104.6	41.2	64	—	104.6	19	29-8	137	107.95

クラス	150	300	600	900
仕切弁 A	190	241	330	419
仕切弁 B	241	〃	〃	〃
玉形弁,逆止(リフト)弁 A	216	292	330	419
玉形弁,逆止(リフト)弁 B	〃	〃	〃	〃
逆止(スイング)弁 A	216	292	330	419

・管　　　ANSI B36.10
・管継手　ANSI B16.9
・フランジ　JPI　7S-15
・弁　　　ANSI B16.10

図 19-(7)　ANSI・JPI 寸法表

126 [I] 配管の設計

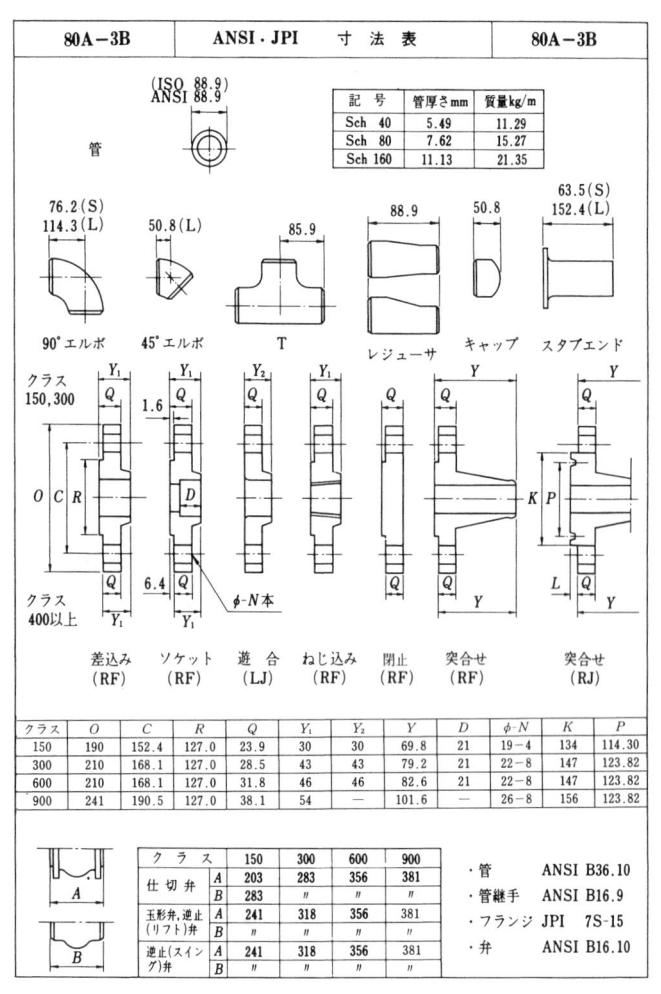

| 80A-3B | ANSI・JPI 寸法表 | 80A-3B |

管 (ISO 88.9) ANSI 88.9

記号	管厚さmm	質量kg/m
Sch 40	5.49	11.29
Sch 80	7.62	15.27
Sch 160	11.13	21.35

76.2(S) / 114.3(L) 90°エルボ
50.8(L) 45°エルボ
85.9 T
88.9 レジューサ
50.8 キャップ
63.5(S) / 152.4(L) スタブエンド

クラス 150, 300
クラス 400以上

差込み (RF) ソケット (RF) 遊合 (LJ) ねじ込み (RF) 閉止 突合せ (RF) 突合せ (RJ)

クラス	O	C	R	Q	Y_1	Y_2	Y	D	φ-N	K	P
150	190	152.4	127.0	23.9	30	30	69.8	21	19-4	134	114.30
300	210	168.1	127.0	28.5	43	43	79.2	21	22-8	147	123.82
600	210	168.1	127.0	31.8	46	46	82.6	21	22-8	147	123.82
900	241	190.5	127.0	38.1	54	—	101.6	—	26-8	156	123.82

クラス		150	300	600	900
仕切弁	A	203	283	356	381
	B	283	〃	〃	〃
玉形弁,逆止(リフト)弁	A	241	318	356	381
	B	〃	〃	〃	〃
逆止(スイング)弁	A	241	318	356	381

・管　　ANSI B36.10
・管継手　ANSI B16.9
・フランジ　JPI 7S-15
・弁　　ANSI B16.10

図 19-(8)　ANSI・JPI 寸法表

12. 配管部品の寸法表 **127**

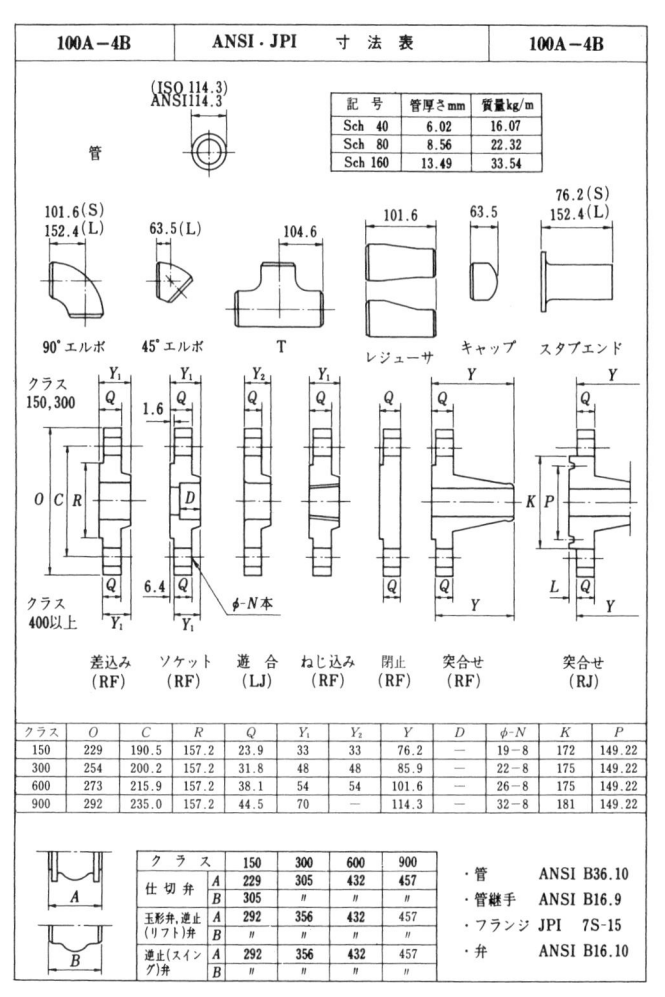

| 100A-4B | ANSI・JPI　寸　法　表 | 100A-4B |

管　(ISO 114.3) ANSI 114.3

記号	管厚さmm	質量kg/m
Sch 40	6.02	16.07
Sch 80	8.56	22.32
Sch 160	13.49	33.54

101.6(S) / 152.4(L)　90°エルボ
63.5(L)　45°エルボ
104.6　T
101.6　レジューサ
63.5　キャップ
76.2(S) / 152.4(L)　スタブエンド

クラス 150, 300 / クラス 400以上

差込み (RF)　ソケット (RF)　遊合 (LJ)　ねじ込み (RF)　閉止 (RF)　突合せ (RF)　突合せ (RJ)

クラス	O	C	R	Q	Y_1	Y_2	Y	D	ϕ-N	K	P
150	229	190.5	157.2	23.9	33	33	76.2	—	19-8	172	149.22
300	254	200.2	157.2	31.8	48	48	85.9	—	22-8	175	149.22
600	273	215.9	157.2	38.1	54	54	101.6	—	26-8	175	149.22
900	292	235.0	157.2	44.5	70	—	114.3	—	32-8	181	149.22

クラス		150	300	600	900
仕切弁	A	229	305	432	457
	B	305	〃	〃	〃
玉形弁, 逆止 (リフト)弁	A	292	356	432	457
	B	〃	〃	〃	〃
逆止(スイング)弁	A	292	356	432	457
	B	〃	〃	〃	〃

・管　　ANSI B36.10
・管継手　ANSI B16.9
・フランジ JPI 7S-15
・弁　　ANSI B16.10

図 19-(9)　ANSI・JPI 寸法表

125A-5B　ANSI・JPI　寸法表　125A-5B

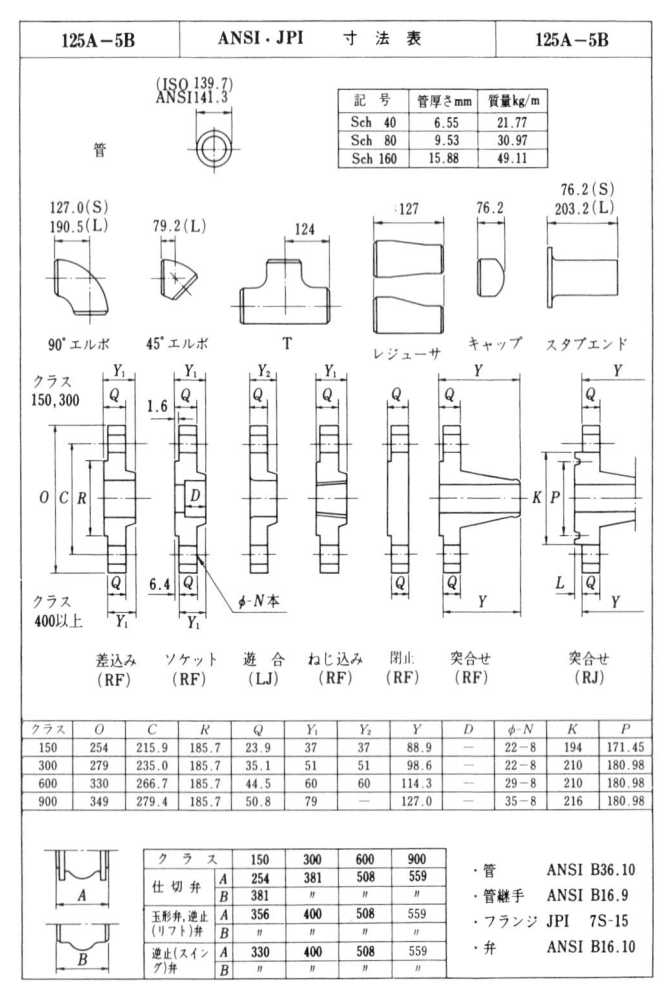

管　(ISO 139.7) ANSI141.3

記号	管厚さmm	質量kg/m
Sch 40	6.55	21.77
Sch 80	9.53	30.97
Sch 160	15.88	49.11

127.0(S) / 190.5(L)　79.2(L)　124　127　76.2　76.2(S) / 203.2(L)

90°エルボ　45°エルボ　T　レジューサ　キャップ　スタブエンド

クラス 150, 300 / クラス 400以上

差込み (RF)　ソケット (RF)　遊合 (LJ)　ねじ込み (RF)　閉止 (RF)　突合せ (RF)　突合せ (RJ)

クラス	O	C	R	Q	Y_1	Y_2	Y	D	ϕ-N	K	P
150	254	215.9	185.7	23.9	37	37	88.9	—	22-8	194	171.45
300	279	235.0	185.7	35.1	51	51	98.6	—	22-8	210	180.98
600	330	266.7	185.7	44.5	60	60	114.3	—	29-8	210	180.98
900	349	279.4	185.7	50.8	79	—	127.0	—	35-8	216	180.98

クラス		150	300	600	900
仕切弁	A	254	381	508	559
	B	381	〃	〃	〃
玉形弁, 逆止 (リフト)弁	A	356	400	508	559
	B	〃	〃	〃	〃
逆止(スイング)弁	A	330	400	508	559

・管　　ANSI B36.10
・管継手　ANSI B16.9
・フランジ　JPI 7S-15
・弁　　ANSI B16.10

図 19-(10)　ANSI・JPI 寸法表

12. 配管部品の寸法表 **129**

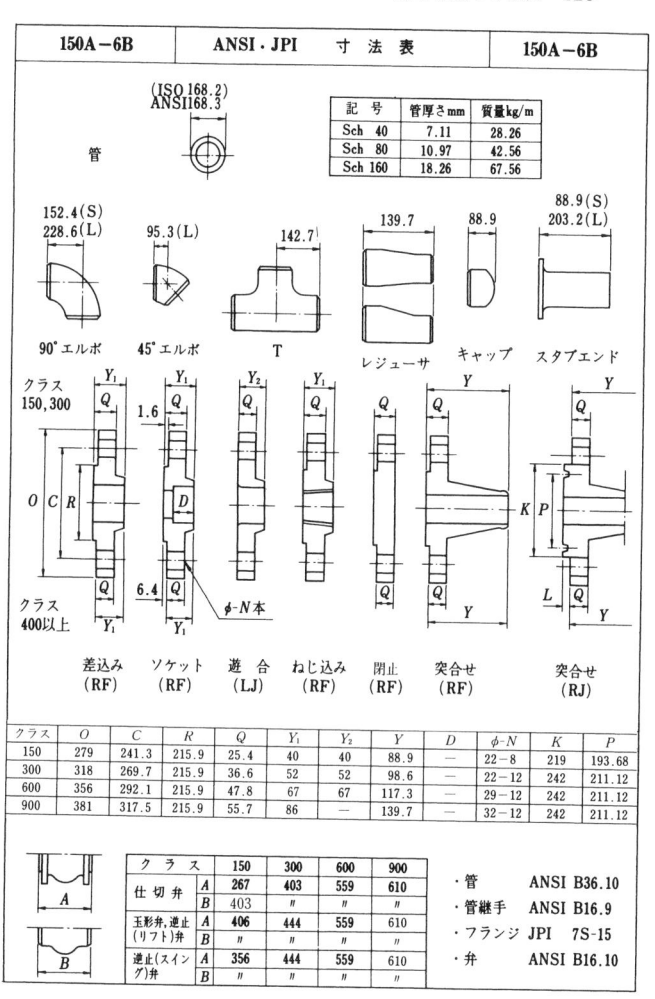

| 150A-6B | ANSI・JPI　寸法表 | 150A-6B |

管　(ISO 168.2) ANSI 168.3

記号	管厚さmm	質量kg/m
Sch 40	7.11	28.26
Sch 80	10.97	42.56
Sch 160	18.26	67.56

152.4(S) 228.6(L)　90°エルボ
95.3(L)　45°エルボ
142.7　T
139.7　レジューサ
88.9　キャップ
88.9(S) 203.2(L)　スタブエンド

クラス 150, 300 / クラス 400以上

差込み(RF)　ソケット(RF)　遊合(LJ)　ねじ込み(RF)　閉止(RF)　突合せ(RF)　突合せ(RJ)

クラス	O	C	R	Q	Y_1	Y_2	Y	D	φ-N	K	P
150	279	241.3	215.9	25.4	40	40	88.9		22-8	219	193.68
300	318	269.7	215.9	36.6	52	52	98.6		22-12	242	211.12
600	356	292.1	215.9	47.8	67	67	117.3		29-12	242	211.12
900	381	317.5	215.9	55.7	86	—	139.7		32-12	242	211.12

クラス		150	300	600	900
仕切弁	A	267	403	559	610
	B	403	〃	〃	〃
玉形弁, 逆止(リフト)弁	A	406	444	559	610
	B	〃	〃	〃	〃
逆止(スイング)弁	A	356	444	559	610
	B	〃	〃	〃	〃

・管　ANSI B36.10
・管継手　ANSI B16.9
・フランジ　JPI 7S-15
・弁　ANSI B16.10

図19-(11)　ANSI・JPI 寸法表

130 [I] 配管の設計

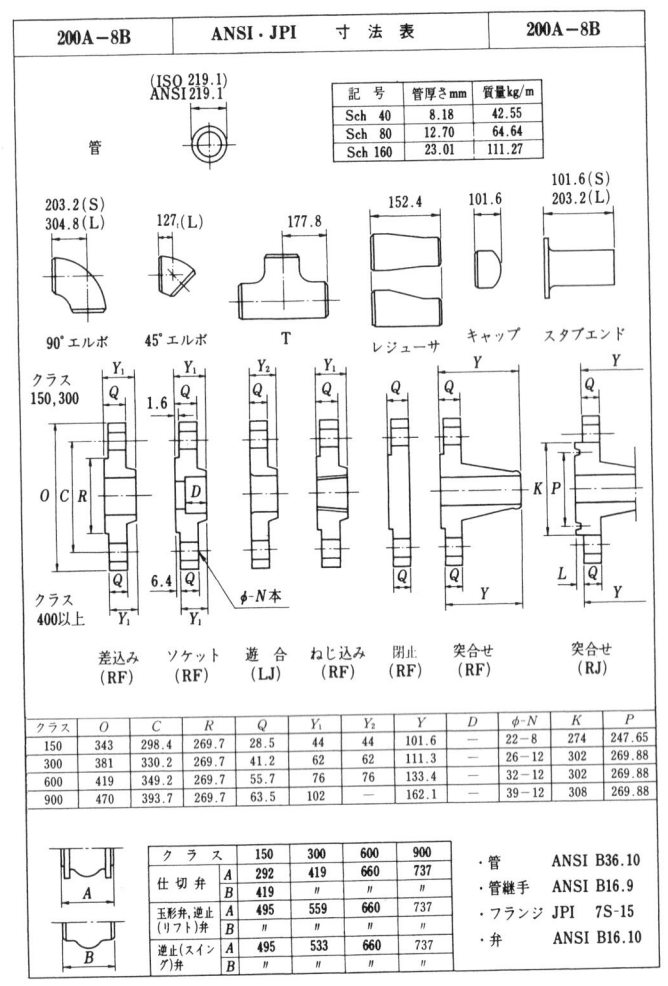

| 200A−8B | ANSI・JPI　寸　法　表 | 200A−8B |

管　(ISO 219.1) ANSI 219.1

記号	管厚さmm	質量kg/m
Sch 40	8.18	42.55
Sch 80	12.70	64.64
Sch 160	23.01	111.27

- 90°エルボ: 203.2(S) / 304.8(L)
- 45°エルボ: 127(L)
- T: 177.8
- レジューサ: 152.4
- キャップ: 101.6
- スタブエンド: 101.6(S) / 203.2(L)

クラス 150, 300 / クラス 400以上

差込み(RF) / ソケット(RF) / 遊合(LJ) / ねじ込み(RF) / 閉止(RF) / 突合せ(RF) / 突合せ(RJ)

クラス	O	C	R	Q	Y_1	Y_2	Y	D	φ−N	K	P
150	343	298.4	269.7	28.5	44	44	101.6	−	22−8	274	247.65
300	381	330.2	269.7	41.2	62	62	111.3	−	26−12	302	269.88
600	419	349.2	269.7	55.7	76	76	133.4	−	32−12	302	269.88
900	470	393.7	269.7	63.5	102	−	162.1	−	39−12	308	269.88

クラス		150	300	600	900
仕切弁	A	292	419	660	737
	B	419	〃	〃	〃
玉形弁,逆止(リフト)弁	A	495	559	660	737
	B	〃	〃	〃	〃
逆止(スイング)弁	A	495	533	660	737
	B	〃	〃	〃	〃

- 管　　ANSI B36.10
- 管継手　ANSI B16.9
- フランジ　JPI 7S-15
- 弁　　ANSI B16.10

図 19-(12)　ANSI・JPI 寸法表

12. 配管部品の寸法表 **131**

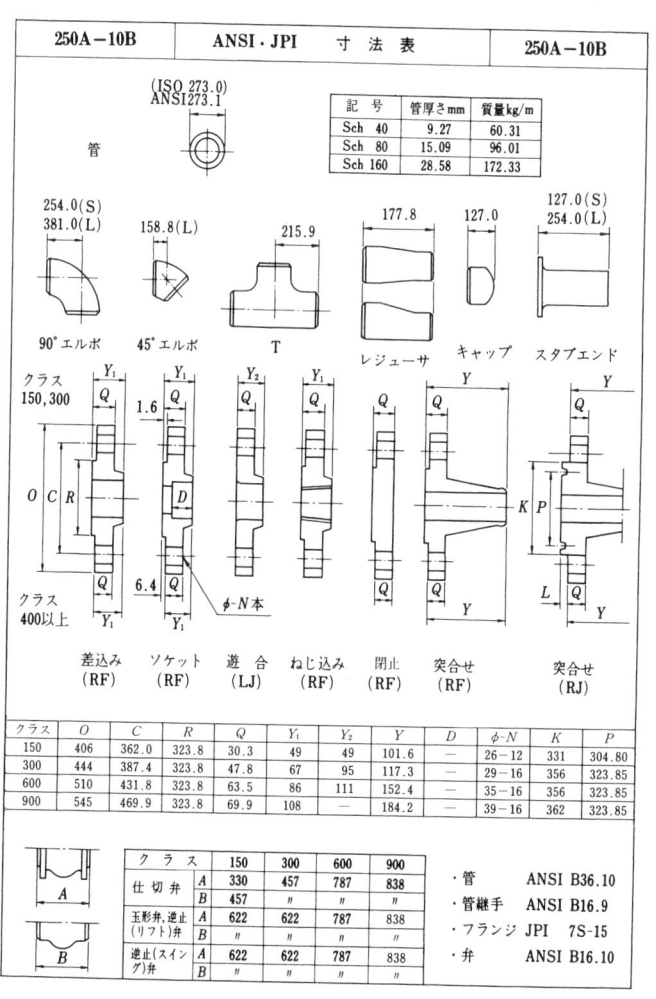

250A-10B	ANSI・JPI 寸法表	250A-10B

管 (ISO 273.0) ANSI273.1

記号	管厚さmm	質量kg/m
Sch 40	9.27	60.31
Sch 80	15.09	96.01
Sch 160	28.58	172.33

- 90°エルボ 254.0(S) / 381.0(L)
- 45°エルボ 158.8(L)
- T 215.9
- レジューサ 177.8
- キャップ 127.0
- スタブエンド 127.0(S) / 254.0(L)

クラス 150, 300

クラス 400以上

差込み (RF) / ソケット (RF) / 遊合 (LJ) / ねじ込み (RF) / 閉止 (RF) / 突合せ (RF) / 突合せ (RJ)

クラス	O	C	R	Q	Y_1	Y_2	Y	D	φ-N	K	P
150	406	362.0	323.8	30.3	49	49	101.6	—	26-12	331	304.80
300	444	387.4	323.8	47.8	67	95	117.3		29-16	356	323.85
600	510	431.8	323.8	63.5	86	111	152.4		35-16	356	323.85
900	545	469.9	323.8	69.9	108	—	184.2		39-16	362	323.85

クラス		150	300	600	900
仕切弁	A	330	457	787	838
	B	457	〃	〃	〃
玉形弁,逆止(リフト)弁	A	622	622	787	838
	B	〃	〃	〃	〃
逆止(スイング)弁	A	622	622	787	838

- 管　　ANSI B36.10
- 管継手　ANSI B16.9
- フランジ JPI 7S-15
- 弁　　ANSI B16.10

図 19-(13)　ANSI・JPI 寸法表

132 [I] 配管の設計

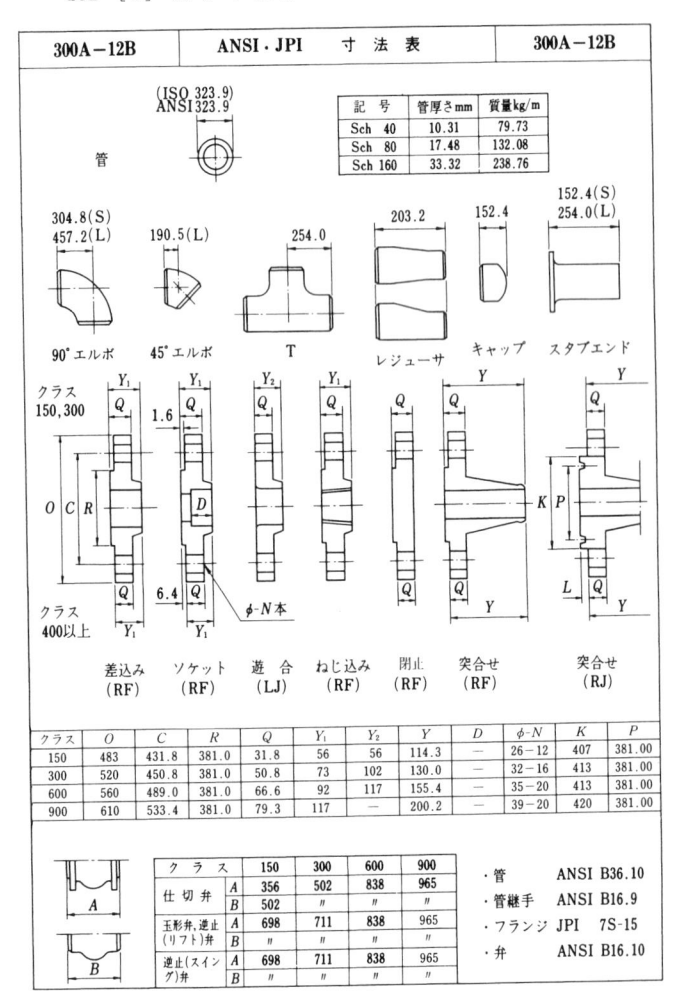

| 300A-12B | ANSI・JPI 寸法表 | 300A-12B |

管 (ISO 323.9) ANSI 323.9

記号	管厚さmm	質量kg/m
Sch 40	10.31	79.73
Sch 80	17.48	132.08
Sch 160	33.32	238.76

90°エルボ 304.8(S) / 457.2(L)
45°エルボ 190.5(L)
T 254.0
レジューサ 203.2
キャップ 152.4
スタブエンド 152.4(S) / 254.0(L)

クラス 150, 300
クラス 400以上

差込み (RF) / ソケット (RF) / 遊合 (LJ) / ねじ込み (RF) / 閉止 (RF) / 突合せ (RF) / 突合せ (RJ)

クラス	O	C	R	Q	Y_1	Y_2	Y	D	φ-N	K	P
150	483	431.8	381.0	31.8	56	56	114.3	—	26-12	407	381.00
300	520	450.8	381.0	50.8	73	102	130.0	—	32-16	413	381.00
600	560	489.0	381.0	66.6	92	117	155.4	—	35-20	413	381.00
900	610	533.4	381.0	79.3	117	—	200.2	—	39-20	420	381.00

クラス		150	300	600	900
仕切弁	A	356	502	838	965
	B	502	〃	〃	〃
玉形弁,逆止(リフト)弁	A	698	711	838	965
	B	〃	〃	〃	〃
逆止(スイング)弁	A	698	711	838	965
	B	〃	〃	〃	〃

・管　　ANSI B36.10
・管継手　ANSI B16.9
・フランジ　JPI 7S-15
・弁　　ANSI B16.10

図19-(14)　ANSI・JPI寸法表

12. 配管部品の寸法表　**133**

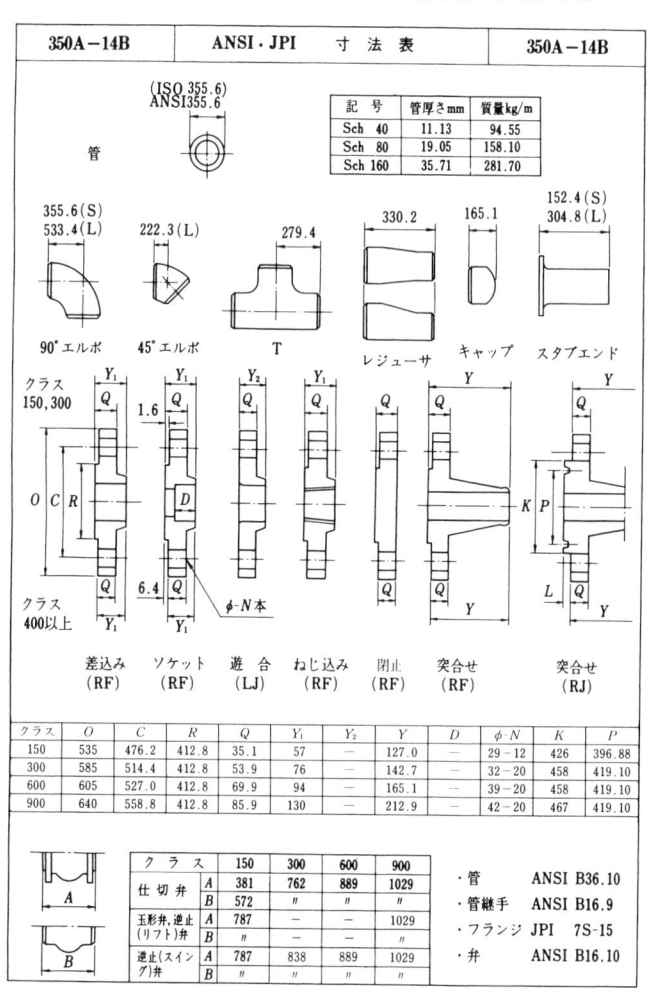

350A-14B	ANSI・JPI　寸法表	350A-14B

管　(ISO 355.6) ANSI 355.6

記号	管厚さmm	質量kg/m
Sch 40	11.13	94.55
Sch 80	19.05	158.10
Sch 160	35.71	281.70

- 355.6(S) / 533.4(L)　90°エルボ
- 222.3(L)　45°エルボ
- 279.4　T
- 330.2　レジューサ
- 165.1　キャップ
- 152.4(S) / 304.8(L)　スタブエンド

クラス 150, 300 / クラス 400以上

- 差込み (RF)
- ソケット (RF)
- 遊合 (LJ)
- ねじ込み (RF)
- 閉止 (RF)
- 突合せ (RF)
- 突合せ (RJ)

クラス	O	C	R	Q	Y₁	Y₂	Y	D	φ-N	K	P
150	535	476.2	412.8	35.1	57	—	127.0	—	29-12	426	396.88
300	585	514.4	412.8	53.9	76	—	142.7	—	32-20	458	419.10
600	605	527.0	412.8	69.9	94	—	165.1	—	39-20	458	419.10
900	640	558.8	412.8	85.9	130	—	212.9	—	42-20	467	419.10

クラス		150	300	600	900
仕切弁	A	381	762	889	1029
	B	572	〃	〃	〃
玉形弁,逆止(リフト)弁	A	787	—	—	1029
	B	〃	—	—	〃
逆止(スイング)弁	A	787	838	889	1029

- 管　ANSI B36.10
- 管継手　ANSI B16.9
- フランジ　JPI 7S-15
- 弁　ANSI B16.10

図 19-(15)　ANSI・JPI 寸法表

134 [I] 配管の設計

呼び径 13 　硬質ポリ塩化ビニル管（JIS）　呼び径 13

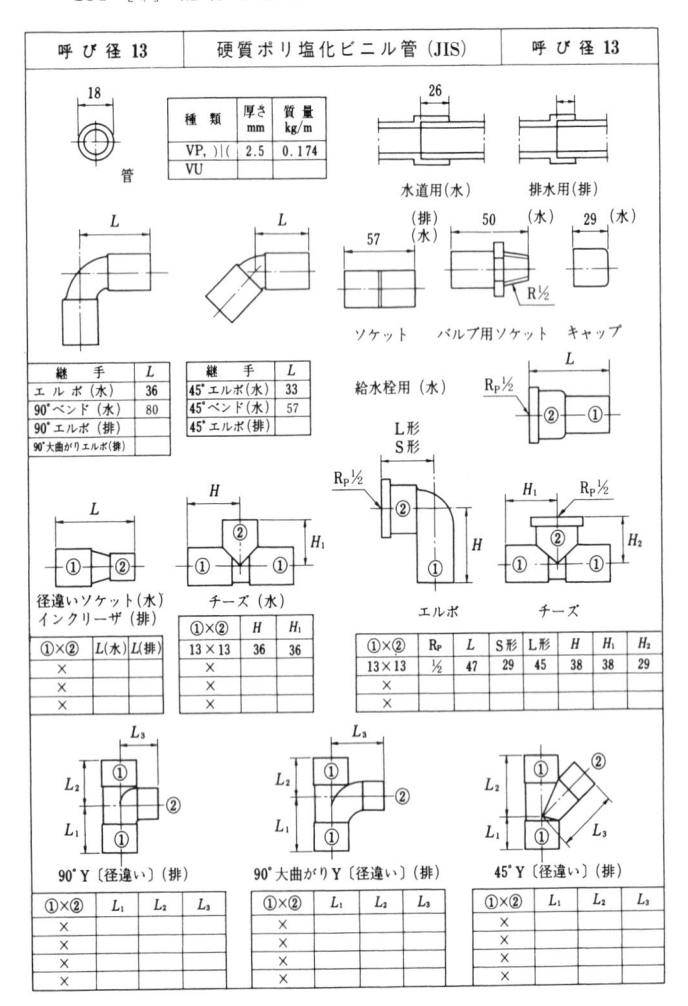

種類	厚さ mm	質量 kg/m
VP,)|(	2.5	0.174
VU		

管

水道用（水）　排水用（排）

ソケット　バルブ用ソケット　キャップ

継手	L
エルボ（水）	36
90°ベンド（水）	80
90°エルボ（排）	
90°大曲がりエルボ（排）	

継手	L
45°エルボ（水）	33
45°ベンド（水）	57
45°エルボ（排）	

給水栓用（水）

L形 / S形

エルボ　　チーズ

径違いソケット（水）
インクリーザ（排）

チーズ（水）

①×②	L(水)	L(排)
×		
×		
×		
×		

①×②	H	H₁
13×13	36	36
×		
×		
×		

①×②	Rp	L	S形	L形	H	H₁	H₂
13×13	½	47	29	45	38	38	29
×							

90°Y（径違い）（排）　　90°大曲がりY（径違い）（排）　　45°Y（径違い）（排）

①×②	L₁	L₂	L₃
×			
×			
×			
×			

①×②	L₁	L₂	L₃
×			
×			
×			
×			

①×②	L₁	L₂	L₃
×			
×			
×			
×			

図 20-(1)　硬質ポリ塩化ビニル管（JIS）

12. 配管部品の寸法表 135

| 呼び径 16 | 硬質ポリ塩化ビニル管 (JIS) | 呼び径 16 |

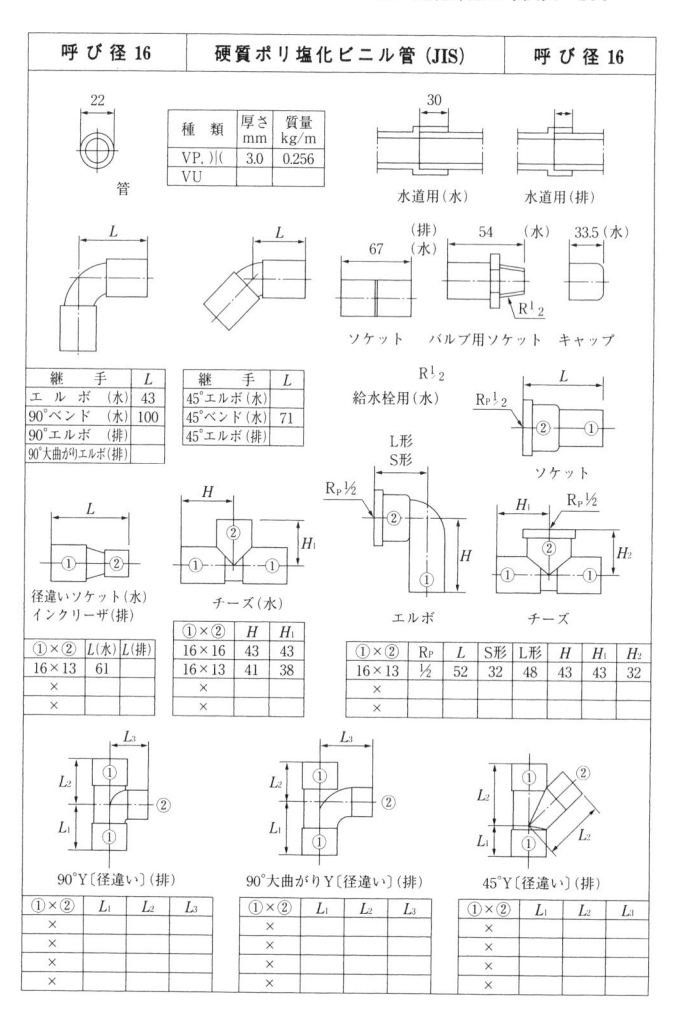

管 （22）

種 類	厚さ mm	質量 kg/m
VP,)(	3.0	0.256
VU		

水道用（水） 30
水道用（排）

ソケット 67（排）（水）
バルブ用ソケット 54（水）
キャップ 33.5（水）

継 手	L
エルボ （水）	43
90°ベンド （水）	100
90°エルボ （排）	
90°大曲がりエルボ(排)	

継 手	L
45°エルボ（水）	
45°ベンド（水）	71
45°エルボ（排）	

給水栓用（水） $R_P^1/_2$
ソケット $R_P^1/_2$
エルボ L形 S形 $R_P^1/_2$
チーズ $R_P^1/_2$

径違いソケット（水）
インクリーザ（排）

①×②	L(水)	L(排)
16×13	61	
×		
×		

チーズ（水）

①×②	H	H_1
16×16	43	43
16×13	41	38
×		

①×②	R_P	L	S形	L形	H	H_1	H_2
16×13	½	52	38	48	43	43	32

90°Y〔径違い〕(排)

①×②	L_1	L_2	L_3
×			
×			
×			
×			

90°大曲がりY〔径違い〕(排)

①×②	L_1	L_2	L_3
×			

45°Y〔径違い〕(排)

①×②	L_1	L_2	L_3
×			
×			
×			
×			

図20-(2) 硬質ポリ塩化ビニル管 (JIS)

136 [I] 配管の設計

呼び径 20	硬質ポリ塩化ビニル管（JIS）	呼び径 20

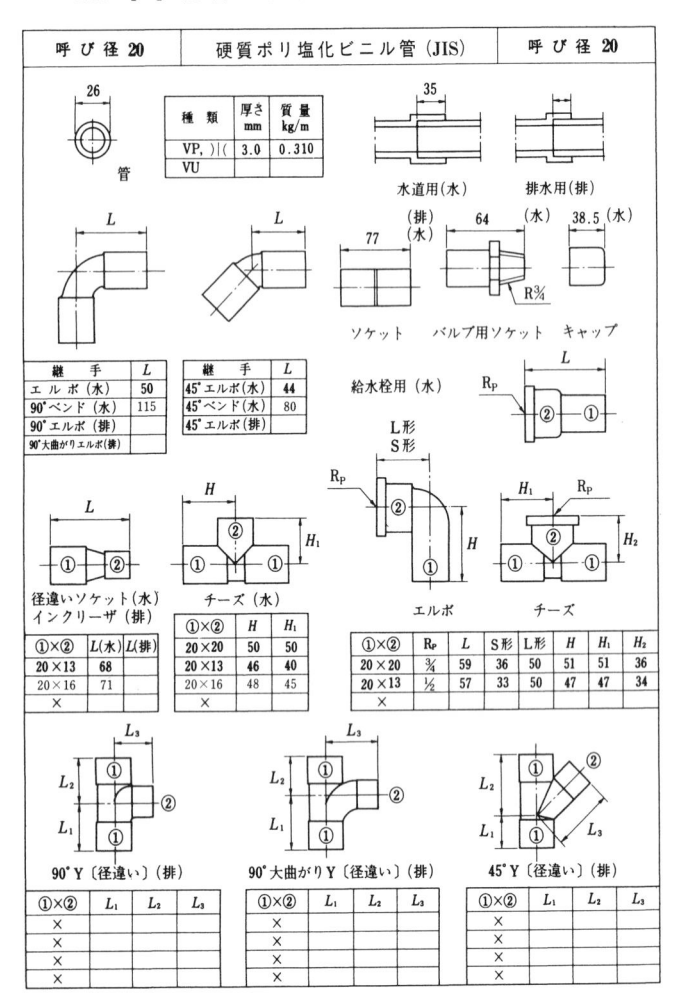

種類	厚さ mm	質量 kg/m
VP,)|(	3.0	0.310
VU		

水道用（水）　排水用（排）

ソケット　バルブ用ソケット　キャップ

継手	L
エルボ（水）	50
90°ベンド（水）	115
90°エルボ（排）	
90°大曲がりエルボ（排）	

継手	L
45°エルボ（水）	44
45°ベンド（水）	80
45°エルボ（排）	

給水栓用（水）

径違いソケット（水）
インクリーザ（排）

チーズ（水）

エルボ L形 S形

チーズ

①×②	L(水)	L(排)
20×13	68	
20×16	71	
×		

①×②	H	H₁
20×20	50	50
20×13	46	40
20×16	48	45
×		

①×②	Rp	L	S形	L形	H	H₁	H₂
20×20	¾	59	36	50	51	51	36
20×13	½	57	33	50	47	47	34

90°Y〔径違い〕（排）　90°大曲がりY〔径違い〕（排）　45°Y〔径違い〕（排）

①×②	L₁	L₂	L₃
×			
×			
×			
×			

①×②	L₁	L₂	L₃
×			
×			
×			
×			

①×②	L₁	L₂	L₃
×			
×			
×			
×			

図 20-(3)　硬質ポリ塩化ビニル管（JIS）

12. 配管部品の寸法表 **137**

呼び径 25	硬質ポリ塩化ビニル管（JIS）	呼び径 25

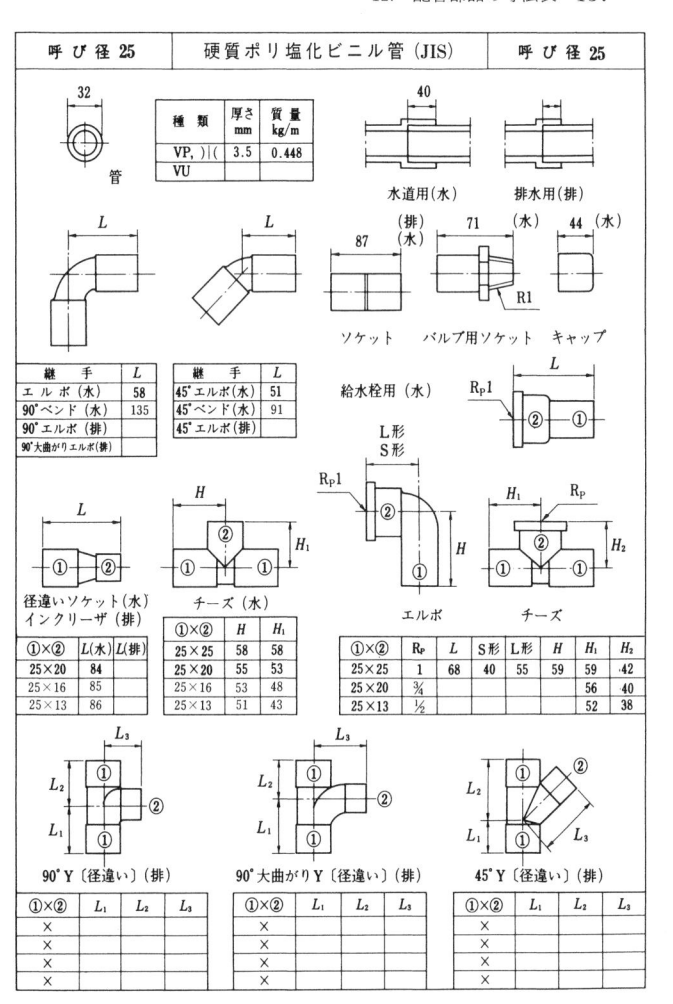

種類	厚さ mm	質量 kg/m
VP,)|(	3.5	0.448
VU		

管

水道用（水）　排水用（排）

ソケット　バルブ用ソケット　キャップ

継手	L
エルボ（水）	58
90°ベンド（水）	135
90°エルボ（排）	
90°大曲がりエルボ（排）	

継手	L
45°エルボ（水）	51
45°ベンド（水）	91
45°エルボ（排）	

給水栓用（水）

L形　S形

エルボ　　チーズ

径違いソケット（水）
インクリーザ（排）

①×②	L(水)	L(排)
25×20	84	
25×16	85	
25×13	86	

チーズ（水）

①×②	H	H₁
25×25	58	58
25×20	55	53
25×16	53	48
25×13	51	43

①×②	R_P	L	S形	L形	H	H₁	H₂
25×25	1	68	40	55	59	59	42
25×20	¾					56	40
25×13	½					52	38

90°Y〔径違い〕（排）　90°大曲がりY〔径違い〕（排）　45°Y〔径違い〕（排）

①×②	L₁	L₂	L₃
×			
×			
×			
×			

①×②	L₁	L₂	L₃
×			
×			
×			
×			

①×②	L₁	L₂	L₃
×			
×			
×			
×			

図 20-(4)　硬質ポリ塩化ビニル管（JIS）

138 [Ⅰ] 配管の設計

| 呼び径 30 | 硬質ポリ塩化ビニル管 (JIS) | 呼び径 30 |

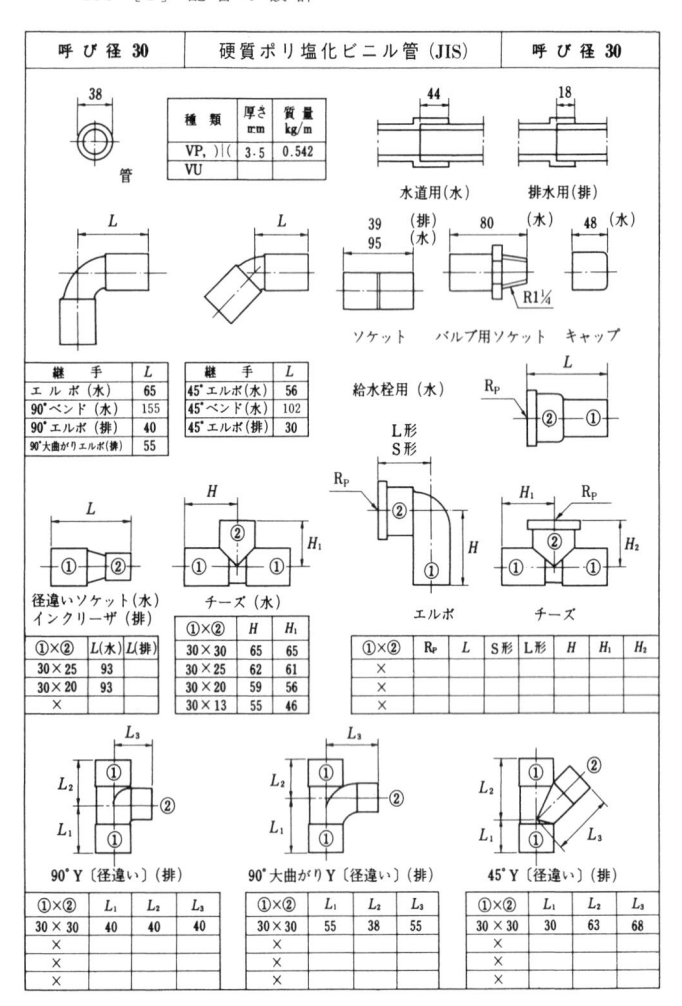

種類	厚さ mm	質量 kg/m
VP, VU	3.5	0.542

管

水道用(水)　排水用(排)

ソケット　バルブ用ソケット　キャップ

継手	L
エルボ (水)	65
90°ベンド (水)	155
90°エルボ (排)	40
90°大曲がりエルボ(排)	55

継手	L
45°エルボ (水)	56
45°ベンド (水)	102
45°エルボ (排)	30

給水栓用 (水)

L形 S形

エルボ　チーズ

径違いソケット(水) インクリーザ(水)

チーズ (水)

①×②	L(水)	L(排)
30×25	93	
30×20	93	
×		

①×②	H	H₁
30×30	65	65
30×25	62	61
30×20	59	56
30×13	55	46

①×②	R_P	L	S形	L形	H	H₁	H₂
×							
×							
×							

90°Y〔径違い〕(排)

①×②	L₁	L₂	L₃
30×30	40	40	40
×			
×			
×			

90°大曲がりY〔径違い〕(排)

①×②	L₁	L₂	L₃
30×30	55	38	55
×			
×			
×			

45°Y〔径違い〕(排)

①×②	L₁	L₂	L₃
30×30	30	63	68
×			
×			
×			

図 20-(5)　硬質ポリ塩化ビニル管 (JIS)

12. 配管部品の寸法表　139

呼び径 40	硬質ポリ塩化ビニル管（JIS）	呼び径 40

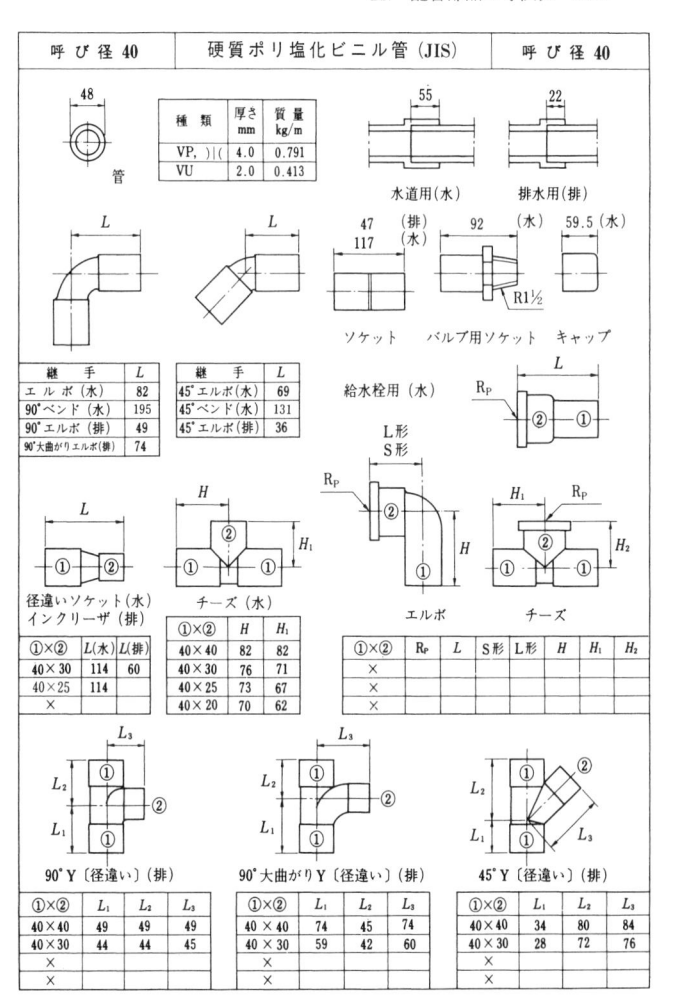

種類	厚さ mm	質量 kg/m
VP,)|(	4.0	0.791
VU	2.0	0.413

管

水道用（水）　排水用（排）

ソケット　バルブ用ソケット　キャップ

継手	L
エルボ（水）	82
90°ベンド（水）	195
90°エルボ（排）	49
90°大曲がりエルボ（排）	74

継手	L
45°エルボ（水）	69
45°ベンド（水）	131
45°エルボ（排）	36

給水栓用（水）

L形 S形

エルボ　チーズ

径違いソケット（水）
インクリーザ（排）

チーズ（水）

①×②	L(水)	L(排)
40×30	114	60
40×25	114	
×		

①×②	H	H_1
40×40	82	82
40×30	76	71
40×25	73	67
40×20	70	62

①×②	R_P	L	S形	L形	H	H_1	H_2
×							
×							
×							

90°Y〔径違い〕（排）

90°大曲がりY〔径違い〕（排）

45°Y〔径違い〕（排）

①×②	L_1	L_2	L_3
40×40	49	49	49
40×30	44	44	45
×			
×			

①×②	L_1	L_2	L_3
40×40	74	45	74
40×30	59	42	60
×			
×			

①×②	L_1	L_2	L_3
40×40	34	80	84
40×30	28	72	76
×			
×			

図 20-(6)　硬質ポリ塩化ビニル管（JIS）

140 [I] 配管の設計

呼び径 50	硬質ポリ塩化ビニル管 (JIS)	呼び径 50

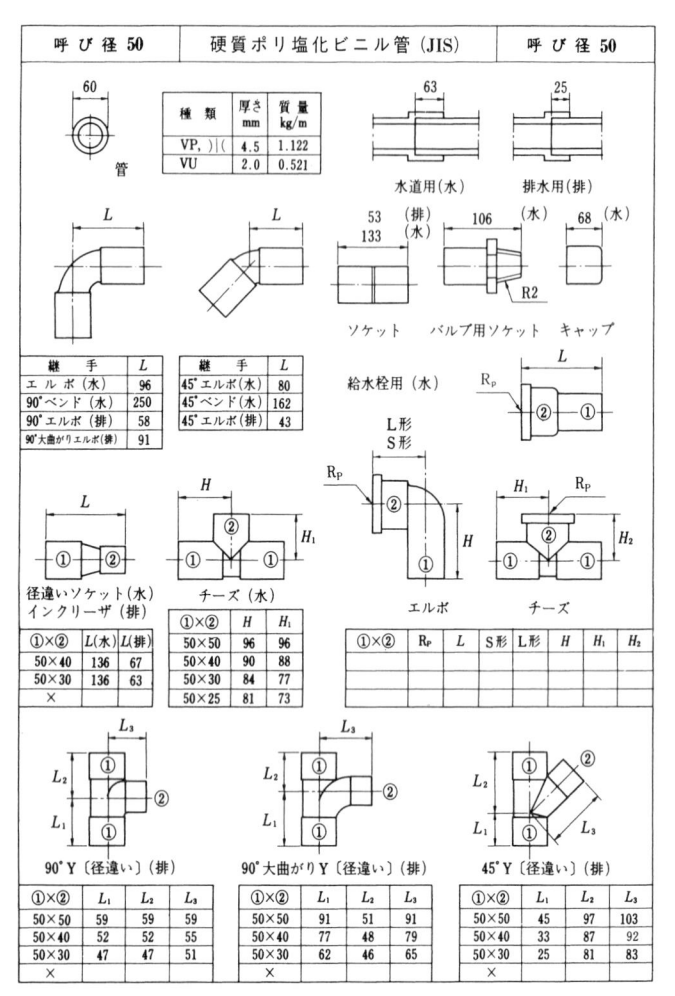

管 (60)

種類	厚さ mm	質量 kg/m
VP,)|(	4.5	1.122
VU	2.0	0.521

水道用(水) 排水用(排)

ソケット　バルブ用ソケット　キャップ

継手	L
エルボ (水)	96
90°ベンド (水)	250
90°エルボ (排)	58
90°大曲がりエルボ(排)	91

継手	L
45°エルボ(水)	80
45°ベンド(水)	162
45°エルボ(排)	43

給水栓用 (水)

L形 S形 エルボ　チーズ

径違いソケット(水) インクリーザ(排)

①×②	L(水)	L(排)
50×40	136	67
50×30	136	63
×		

チーズ (水)

①×②	H	H₁
50×50	96	96
50×40	90	88
50×30	84	77
50×25	81	73

①×②	R_P	L	S形	L形	H	H₁	H₂

90°Y〔径違い〕(排)

①×②	L₁	L₂	L₃
50×50	59	59	59
50×40	52	52	55
50×30	47	47	51
×			

90°大曲がりY〔径違い〕(排)

①×②	L₁	L₂	L₃
50×50	91	51	91
50×40	77	48	79
50×30	62	46	65

45°Y〔径違い〕(排)

①×②	L₁	L₂	L₃
50×50	45	97	103
50×40	33	87	92
50×30	25	81	83
×			

図 20-(7) 硬質ポリ塩化ビニル管 (JIS)

12. 配管部品の寸法表　*141*

| 呼び径 65 | 硬質ポリ塩化ビニル管（JIS） | 呼び径 65 |

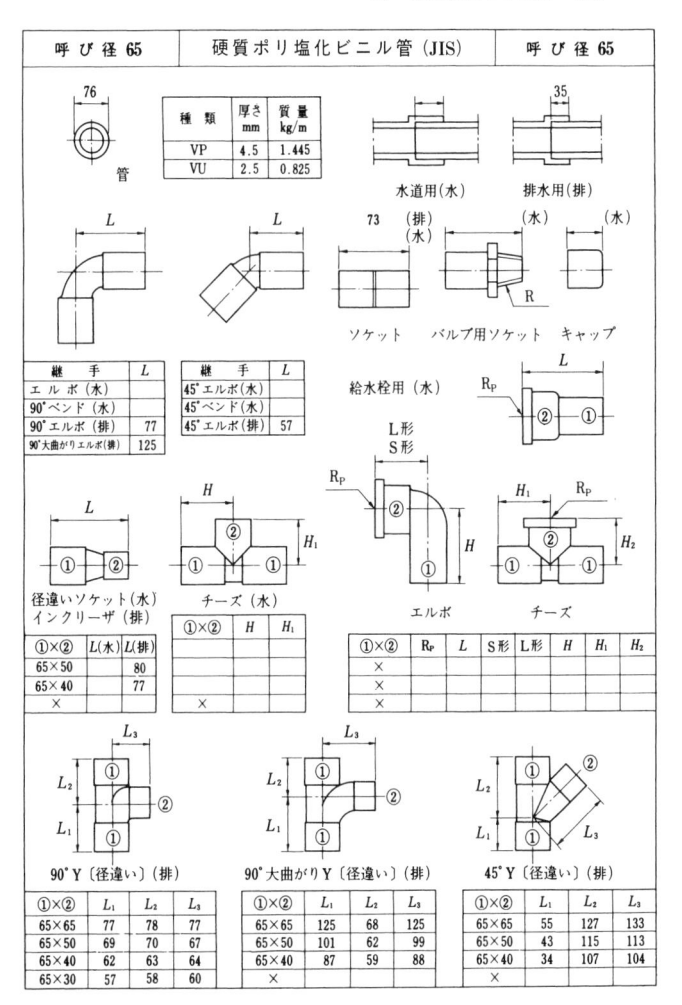

種類	厚さ mm	質量 kg/m
VP	4.5	1.445
VU	2.5	0.825

水道用（水）　排水用（排）

ソケット　バルブ用ソケット　キャップ

継手	L
エルボ（水）	
90°ベンド（水）	
90°エルボ（排）	77
90°大曲がりエルボ（排）	125

継手	L
45°エルボ（水）	
45°ベンド（水）	
45°エルボ（排）	57

給水栓用（水）

L形　S形

エルボ　チーズ

径違いソケット（水）
インクリーザ（排）

チーズ（水）

①×②	L(水)	L(排)
65×50		80
65×40		77
×		

①×②	H	H_1
×		

①×②	R_P	L	S形	L形	H	H_1	H_2
×							
×							
×							

90°Y〔径違い〕（排）　90°大曲がりY〔径違い〕（排）　45°Y〔径違い〕（排）

①×②	L_1	L_2	L_3
65×65	77	78	77
65×50	69	70	67
65×40	62	63	64
65×30	57	58	60

①×②	L_1	L_2	L_3
65×65	125	68	125
65×50	101	62	99
65×40	87	59	88

①×②	L_1	L_2	L_3
65×65	55	127	133
65×50	43	115	113
65×40	34	107	104

図 20-(8)　硬質ポリ塩化ビニル管（JIS）

142 [I] 配管の設計

| 呼び径 75 | 硬質ポリ塩化ビニル管（JIS） | 呼び径 75 |

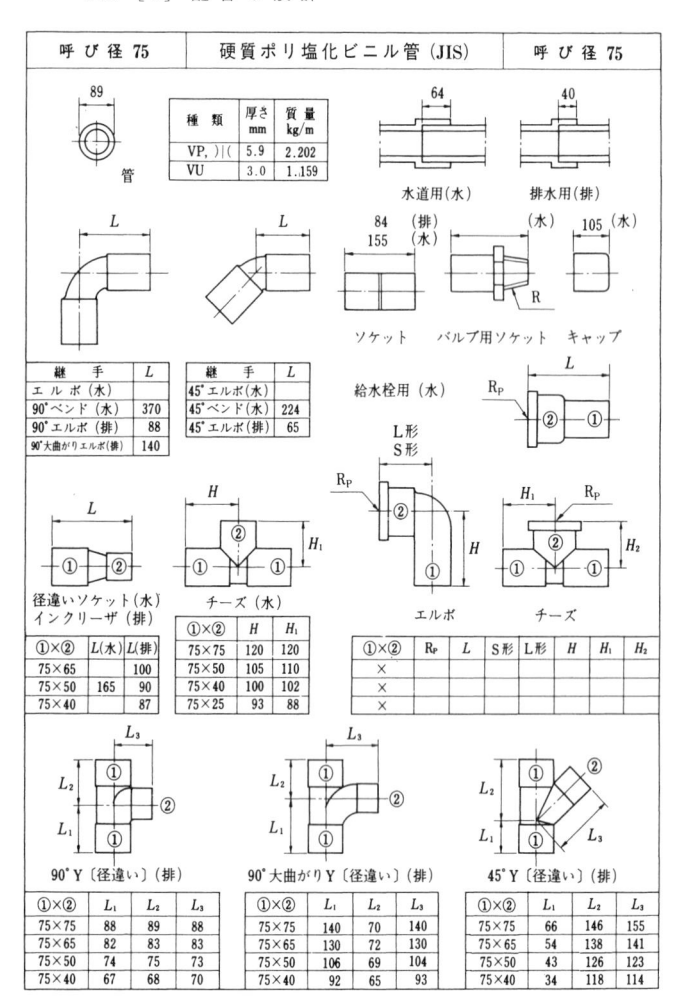

種類	厚さ mm	質量 kg/m
VP、)l(	5.9	2.202
VU	3.0	1.159

水道用(水) 排水用(排)

ソケット　バルブ用ソケット　キャップ

継手	L
エルボ(水)	
90°ベンド(水)	370
90°エルボ(排)	88
90°大曲がりエルボ(排)	140

継手	L
45°エルボ(水)	
45°ベンド(水)	224
45°エルボ(排)	65

給水栓用 (水)

エルボ　チーズ

径違いソケット(水)
インクリーザ(排)

①×②	L(水)	L(排)
75×65		100
75×50	165	90
75×40		87

チーズ (水)

①×②	H	H_1
75×75	120	120
75×50	105	110
75×40	100	102
75×25	93	88

①×②	R_P	L	S形	L形	H	H_1	H_2
	×						
	×						
	×						

90°Y〔径違い〕(排)

①×②	L_1	L_2	L_3
75×75	88	89	88
75×65	82	83	83
75×50	74	75	73
75×40	67	68	70

90°大曲がりY〔径違い〕(排)

①×②	L_1	L_2	L_3
75×75	140	70	140
75×65	130	72	130
75×50	106	69	104
75×40	92	65	93

45°Y〔径違い〕(排)

①×②	L_1	L_2	L_3
75×75	66	146	155
75×65	54	138	141
75×50	43	126	123
75×40	34	118	114

図 20-(9)　硬質ポリ塩化ビニル管 (JIS)

12. 配管部品の寸法表 **143**

| 呼び径 100 | 硬質ポリ塩化ビニル管（JIS） | 呼び径 100 |

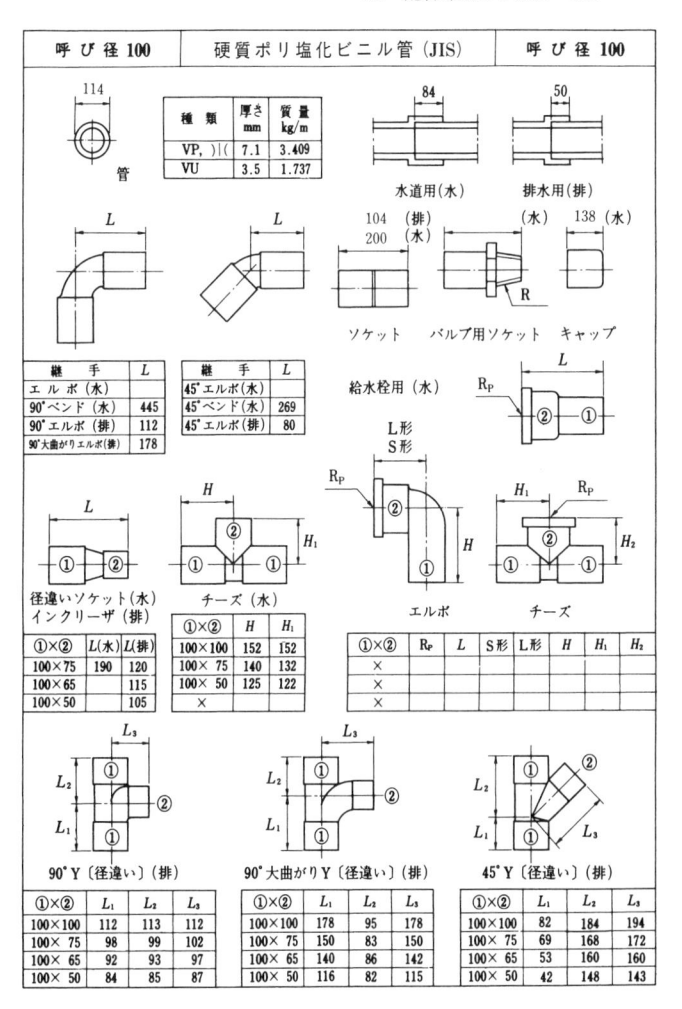

種 類	厚さ mm	質量 kg/m
VP	7.1	3.409
VU	3.5	1.737

水道用（水）　排水用（排）

ソケット　バルブ用ソケット　キャップ

継 手	L
エルボ（水）	
90°ベンド（水）	445
90°エルボ（水）	112
90°大曲がりエルボ（排）	178

継 手	L
45°エルボ（水）	
45°ベンド（水）	269
45°エルボ（排）	80

給水栓用（水）

エルボ（L形 S形）　チーズ

径違いソケット（水）
インクリーザ（排）

①×②	L(水)	L(排)
100×75	190	120
100×65		115
100×50		105

チーズ（水）

①×②	H	H₁
100×100	152	152
100×75	140	132
100×50	125	122
×		

①×②	R_P	L	S形	L形	H	H₁	H₂
×							
×							
×							

90°Y〔径違い〕（排）

①×②	L₁	L₂	L₃
100×100	112	113	112
100×75	98	99	102
100×65	92	93	97
100×50	84	85	87

90°大曲がりY〔径違い〕（排）

①×②	L₁	L₂	L₃
100×100	178	95	178
100×75	150	83	150
100×65	140	86	142
100×50	116	82	115

45°Y〔径違い〕（排）

①×②	L₁	L₂	L₃
100×100	82	184	194
100×75	69	168	172
100×65	53	160	160
100×50	42	148	143

図 20-(10)　硬質ポリ塩化ビニル管（JIS）

144 [I] 配管の設計

呼び径 125	硬質ポリ塩化ビニル管(JIS)	呼び径 125

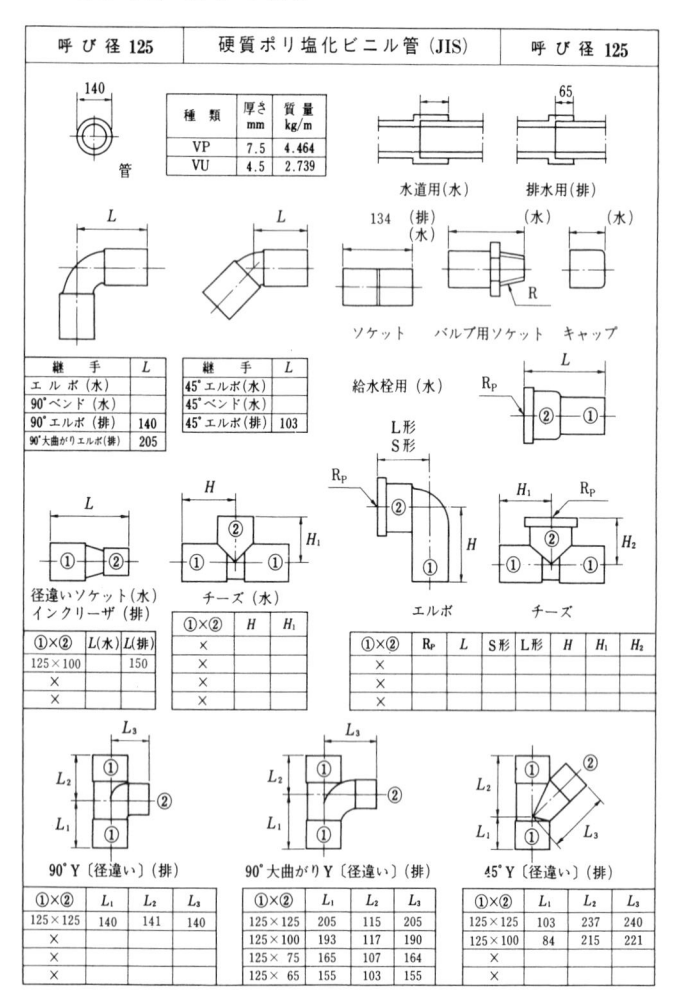

種類	厚さ mm	質量 kg/m
VP	7.5	4.464
VU	4.5	2.739

管：140

水道用(水)　排水用(排)　65

ソケット　バルブ用ソケット　キャップ　134(排)(水)

継手	L
エルボ(水)	
90°ベンド(水)	
90°エルボ(排)	140
90°大曲がりエルボ(排)	205

継手	L
45°エルボ(水)	
45°ベンド(水)	
45°エルボ(排)	103

給水栓用(水)

L形 S形　エルボ　チーズ

径違いソケット(水)　インクリーザ(排)

①×②	L(水)	L(排)
125×100		150
×		
×		
×		

チーズ(水)

①×②	H	H₁
×		
×		
×		
×		

①×②	Rp	L	S形	L形	H	H₁	H₂
×							
×							

90°Y〔径違い〕(排)

①×②	L₁	L₂	L₃
125×125	140	141	140
×			
×			
×			

90°大曲がりY〔径違い〕(排)

①×②	L₁	L₂	L₃
125×125	205	115	205
125×100	193	117	190
125× 75	165	107	164
125× 65	155	103	155

45°Y〔径違い〕(排)

①×②	L₁	L₂	L₃
125×125	103	237	240
125×100	84	215	221
×			
×			

図 20-(11)　硬質ポリ塩化ビニル管 (JIS)

12. 配管部品の寸法表　145

呼び径 150	硬質ポリ塩化ビニル管（JIS）	呼び径 150

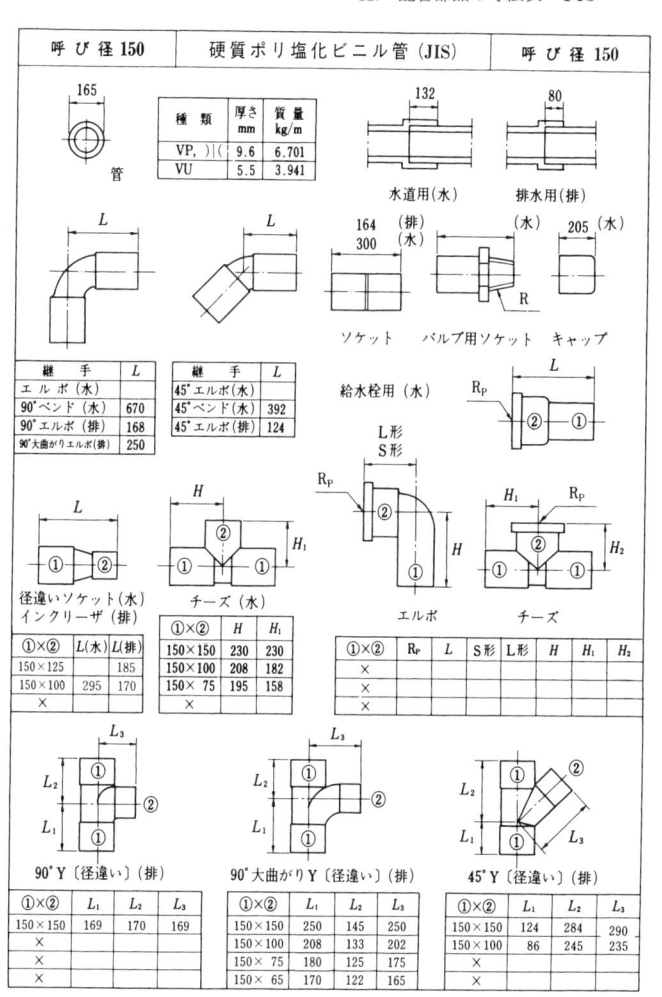

管 165

種類	厚さ mm	質量 kg/m
VP,）(	9.6	6.701
VU	5.5	3.941

水道用(水)　132
排水用(排)　80

ソケット　164(排) / 300(水)
バルブ用ソケット
キャップ　205(水)

継手	L
エルボ (水)	
90°ベンド (水)	670
90°エルボ (排)	168
90°大曲がりエルボ(排)	250

継手	L
45°エルボ (水)	
45°ベンド (水)	392
45°エルボ (排)	124

給水栓用 (水)

L形 / S形　エルボ

チーズ

径違いソケット(水)
インクリーザ(排)

①×②	L(水)	L(排)
150×125		185
150×100	295	170
×		

チーズ (水)

①×②	H	H₁
150×150	230	230
150×100	208	182
150× 75	195	158
×		

①×②	R_P	L	S形	L形	H	H₂
×						
×						
×						

90°Y〔径違い〕(排)

①×②	L₁	L₂	L₃
150×150	169	170	169
×			
×			
×			

90°大曲がりY〔径違い〕(排)

①×②	L₁	L₂	L₃
150×150	250	145	250
150×100	208	133	202
150× 75	180	125	175
150× 65	170	122	165

45°Y〔径違い〕(排)

①×②	L₁	L₂	L₃
150×150	124	284	290
150×100	86	245	235
×			

図 20-(12)　硬質ポリ塩化ビニル管 (JIS)

［Ⅱ］ 配 管 の 施 工

　プラント配管の施工では，配管図と仕様書に基づいて配管材料を受入れ，Ⅰ）所定の配管工場とかプラント近くに仮設した作業場で，プレハブ管を製作してから現地へ運び機器へ取付けていく，工場製作と現場工事を組合せた施工方法と，Ⅱ）現地の機器に直接配管材料を取付けていく，現場工事のみの施工方法，で実施されている。プラント配管で高品質が要求されるときは，すべて所定の配管工場でプレハブ管を製作してから現地の機器へ取付けている。その作業工程は図 16 のとおりである。

1. 配管図と仕様書

　配管の施工に使う図面としては，
　a．全体配管図，部分配管図
　b．機器配置図，機器組立図
　c．支持装置製作図
　d．計装関係図
　e．P＆I（プロセス，ユーティリティ）
　また仕様書類は，
　イ．配管工事仕様書
　ロ．配管検査仕様書
　ハ．溶接施工要領書
などであり，プレハブ管を製作するときに，配管工場とか，作業場で使う図面は主として部分配管図（Spool 図）である。配管図はしばしば変更が起こるので最新版を確認して使用する。仕様書は配管の製作内容を説明したものである。この仕様書のほかに法規として高圧ガス保安法，電気事業法，ガス事業法，労働安全衛生法，消防法さらに日本工業規格（JIS），日本石油学会規格（JPI），海外では ANSI，API，ASTM，ASME などを適用する場合もある。

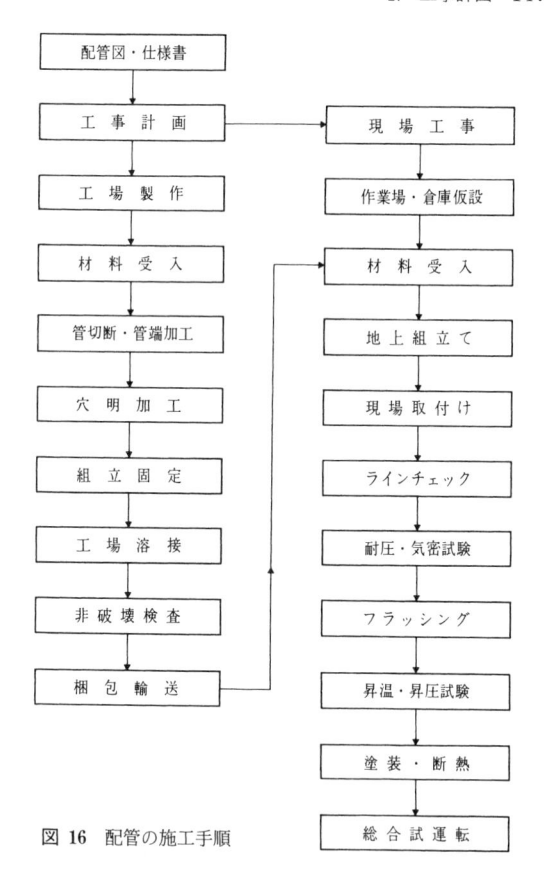

```
配管図・仕様書
    ↓
  工事計画  →  現場工事
    ↓            ↓
  工場製作      作業場・倉庫仮設
    ↓            ↓
  材料受入      材料受入
    ↓            ↓
管切断・管端加工  地上組立て
    ↓            ↓
  穴明加工      現場取付け
    ↓            ↓
  組立固定      ラインチェック
    ↓            ↓
  工場溶接      耐圧・気密試験
    ↓            ↓
  非破壊検査    フラッシング
    ↓            ↓
  梱包輸送      昇温・昇圧試験
                 ↓
                塗装・断熱
                 ↓
                総合試運転
```

図 16 配管の施工手順

これらの配管図,仕様書を十分理解してから施工に着手する。

2. 工事計画

　配管は品質を向上させるために可能な限り工場製作とするが,工場から現地までの輸送条件,現地での組立手順,試験方法など

を考慮して工場製作と現場工事の製作範囲を決定し,その配管工事を円滑に施工するために作業量を算出して工事計画を作成する。

(1) 作業量（工事量）の算出

配管工事の作業量は配管図から管に関するつぎの数値を集計して表わしている。

a. 管の種類（材質,管厚さ），呼び径別に表わした管質量[t]の集計値[Ton]。

b. 管の種類,呼び径別に呼び径(B)とその長さ(M)を乗じたインチメータ[in・m]の集計値(BM)。

c. 管の種類,呼び径別に呼び径(B)とその溶接箇所数を乗じたインチダイヤ[in・径]の集計値(BD)で,ダイヤインチ(DB)とも表現している。

このうち a, b は広く使われているが,c は溶接作業が主体となるプラント配管で使っている。このインチダイヤは溶接線の長さに比例する値で,機器回りとかラック配管などに区分けして表わすこともある。

(2) 作業工数の算出

配管工事の作業量から製作作業員の必要工数を算出する。この工数は,1日を8時間とした作業日数に作業員数を乗じた値[日×人＝工数]である。

(a) 作業量[Ton]からの作業工数

管の種類,呼び径別に配管 1 Ton を施工できる作業工数[工数/Ton]を過去の実績より定め,この値を作業量[Ton]に乗じて作業工数を求める。

(b) 作業量(BM)からの作業工数

管の種類,呼び径別に作業員1人が1日(8 hr)に施工できるインチメータ(BM/工数)を過去の実績より定め,この値で作業量(BM)を除して作業工数を求める。

(c) 作業量(BD)からの作業工数

管の種類,呼び径別に溶接作業員1人が1日（8時間）に施工できるインチダイヤ（BD/工数）を過去の実績より定め,この値で作業量(BD)を除して溶接作業の工数を求める。この溶接作業に必要となる配管作業などの工数は,この溶接作業の工数に比例するものとして求める。ただし,溶接工数当たりの施工インチダ

イヤ（BD/工数）や配管作業などの工数を求める比例定数は，各作業員の技量と作業場所，作業内容によって異なっている。

（3） 作業日程と動員数

配管の製作はスプール図単位で図面，材料の揃っているものから着工するが，製作中は作業が円滑に流れ，部品などが不足して半製品のまま工場内に止まることがないようにする。しかし，仕事のかかり初めは，作業員や図面，材料が揃わず，作業が遅れ気味であり，現場工事では天候にも左右され，完成に近づくと関連工事からの影響も受けて配管工事は思うように進まないものである。過去の実績に基づくプログレスカーブの原則によれば，工場製作，現場工事にかかわらず，全日程の4分の1が過ぎたときに全作業量の15%，全日程の4分の3が経過したときに全作業量の90%が出来上っていないと，日程内に完成しないといわれている。

そこでこの条件に基づいて毎日施工した作業量と溶接，配管の実施工数をプログレスカーブとして表わし，この実績線がプログレスカーブの原則に基づく計画線から大きく外れていかないように溶接作業員，配管作業員の動員数を無理無駄なく管理していくことになる。

［計算例］

機器回り配管（on site）の全作業量 10,000 BD のうち工場製作で 7,000 BD を製作し，作業日程は工場製作が 32 日，現場工事は 40 日として完成させるときのプログレスカーブの計画線を作成する。ただし，溶接作業員の施工能力は工場製作が 50 BD/工数，現場工事が 25 BD/工数とする。

○工場製作（プレハブ管の製作）
  溶接工数   7,000÷50＝140 工数
  配管組立工数   140×1.3＝182 工数
○現場工事（機器回り配管の製作）
  溶接工数   3,000÷25＝120 工数
  配管組立取付工数 120×4＝480 工数
  プレハブ管取付工数 140×2＝280 工数

これらの数値で表わした計画線が**図17**のプログレスカーブである。

150 [II] 配管の施工

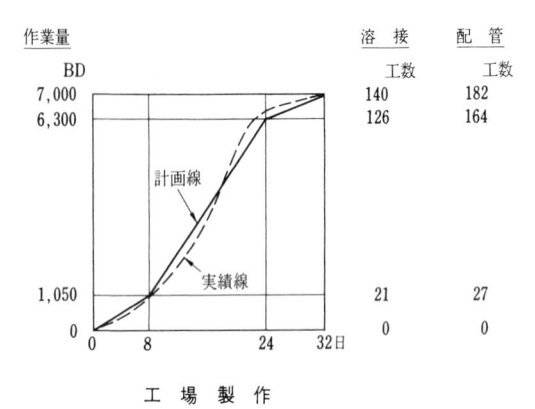

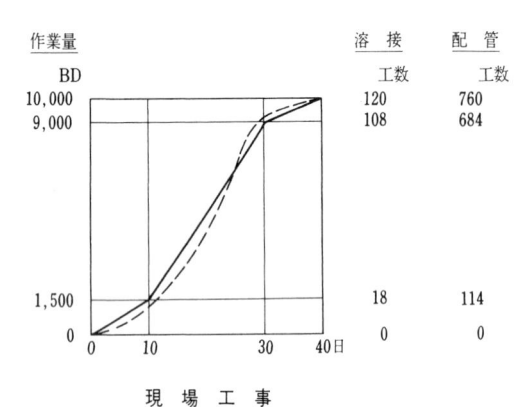

作業量　　　　　　　　　　　　　　溶接　　配管
BD　　　　　　　　　　　　　　　　工数　　工数
7,000 ─────────────────────　140　　182
6,300 ─────────────────────　126　　164

　　　　　計画線
　　　　　　　実績線

1,050 ─────────────────────　 21　　 27
　0 └──┬────────┬────┬──
　　0　 8　　　　24　 32日

工　場　製　作

作業量　　　　　　　　　　　　　　溶接　　配管
BD　　　　　　　　　　　　　　　　工数　　工数
10,000 ────────────────────　120　　760
 9,000 ────────────────────　108　　684

 1,500 ────────────────────　 18　　114
　0 └──┬────────┬────┬──
　　0　10　　　　30　 40日

現　場　工　事

図17　プログレスカーブ

3. 工場製作

プレハブ管の工場製作で，所定の配管工場（Shop）には配管専用の加工機械や溶接機，クレーンなどが据付けられ，材料受入れから管の切断，管端加工，組立固定，溶接が流れ作業的に進められ，主として管を水平回転させた下向溶接であるから，高品質のプレハブ管が高能率に施工できる。現在では全作業量の70〜80%以上を工場で処理している。しかし，現場工事に比べ工場の維持管理やプレハブ管の輸送を考えると，溶接作業員の施工能力は平均して50 BD/工数以上が必要である。

プラント近くに仮設した現場の作業場（Unit Shop）では移動可能な加工機械を設置して，材料の受入れからプレハブ管の製作までを配管工場と同じ内容で進めている。

4. 材料の受入れ

配管材料が入荷したときは材料の材質，呼び径，管厚さならびに呼び圧力などを材料に付いているステンシルマーク，刻印，色別けあるいはミルシート（材料証明書）などで調べ，数量を数え納品書と照合し，入荷した材料は発注した品質と間違いがなく，規定以上の変形，傷，凹みなどがないことを確認してから受入れる。

受入れた材料は使用時の取出しを考慮して種類，呼び径別に分類し，土砂の上には直接置かず枕木などの適当な角材の上に置き，ステンレス鋼は炭素鋼や低合金鋼とは接触を起こさぬように分けて保管する。

保管中の材料は変形，荷崩れ，錆の発生あるいは汚れが起こらないように配慮し，溶接材料は吸湿しないように管理する。

一般に，配管材料は入荷が遅れ気味であるから，発注は早目に手配すべきである。材料や製品のプレハブ管は非常に広い置場が必要であるから，作業の工程を見ながら過不足なく受入れるべきで，山積みのできないプレハブ管は出来上ると同時に現場へ発送することが望ましい。

材料管理では，配管図の材料表から使用するすべての材料を抜き出して入出庫表を作り，入荷した材料，工場へ払い出した材料，

表38 突合せ溶接管の横収縮長さ

開先形状	2B以下 V形〔mm〕	3～16B V形〔mm〕	2段V形〔mm〕	U形〔mm〕
炭 素 鋼	1	2	3	4
低 合 金 鋼	1	2	4	5
ステンレス鋼	1	3	4	7

(ルート間隔 3～4 mm)

倉庫に残った材料の内容を正しく記入する。また，未入荷材料の入荷遅れを防ぐ処置と発注済伝票から未発注材の調査も必要である。

5. 管の切断と管端加工

素管から配管製作に必要な管を切断し，突合せ溶接のためにその管端を加工する。

(1) 管取り表 (Cutting Plan)

スプール図に基づいてプレハブ管の製作に必要な管を長さ 5.5 m とか，11 m の素管から無駄なく切断するための管取り表である。この表には素管の材質，呼び径，管厚さと全長を記入し，つぎに1本の素管から切断する管のそれぞれについて，切断長さ，スプール図番号，ピース番号，管両端の開先形状記号と1本の素管から切り出される残材の長さが記入してある。

素管の残材長さは管の切断長さに管の切断機によって定まる切り代を加えた長さの集計値で計算し，この残材長さができる限り短くなるように計画する。切り代としては鋸盤の場合が 5 mm，ガス切断機が 10 mm 以上は必要である。

受入れた素管の端面に加工してあるベベルエンドは，V形開先として使用できる。

管の突合せ溶接では一般に 1.6～4.8 mm 範囲のルート間隔を開けて接続している。溶接が終わるとこの間隔が溶着金属量に比例した横収縮を起こし，例えば，ルート間隔を 3～4 mm としたときの収縮長さは大略表38のとおりである。

そこで，配管をスプール図の中心長さに正しく製作するには，この横収縮長さとルート間隔を考慮して管の切断長さを定めることになる。

例えば，呼び径4B，Sch 40の炭素鋼鋼管の両端に管継手をV形開先で突合せ溶接するときに，ルート間隔を3mmとすれば，表38では1箇所の横収縮長さが2mmであるから正しい管の切断長さは，

　　（中心間長さ－両端の管継手長さ）－(3－2)
　　　　×2箇所
　　　＝スプール図の管の長さ－(3－2)×2

となる。したがってスプール図に記入してある管の長さで切断したときは，両端に管継手を溶接した後の中心間長さが約2mm長くなる。

（2）管の切断長さの罫書き

素管の外面に管取り表に表わした管の切断長さの位置，切り代の位置を[mm]単位の巻尺で測定し，その位置を石筆でマークしてから管の切断長さ，スプール図番号，ピース番号と両端の開先形状記号を記入する。

管取りは素管の両端から始めて素管のベベルエンドをV形開先として利用し残材は中間に割り当てる。

管の切断長さは正しく測定して記入しなければならないから，記入したあとに再測定して間違いのないことを確認すべきである。

（3）管の切断機

配管工場で使用する切断機にはつぎの機械がある。

a．小径管（3B以下）用

管ねじ切り盤，丸鋸盤（メタルソー），砥石切断機

b．中大径管用

ガス切断機，プラズマ切断機，帯鋸盤（バンドソー）

このガス切断機は炭素鋼鋼管用で，管を水平回転させガスの切断火口を使って切断する。切断面の酸化膜はグラインダで研削除去することが望ましい。

プラズマ切断機は低合金鋼鋼管，ステンレス鋼鋼管の切断機であるが，切断面の精度が悪いから，グラインダで研削して成形する。なお，ステンレス鋼と炭素鋼の研削に使うグラインダの砥石

154 [II] 配管の施工

名　称	形　状	記　号
I 型	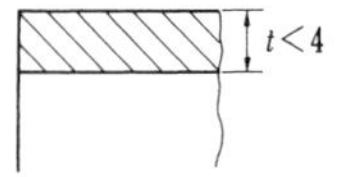 $t<4$	C：切断のまま P：切断面仕上
V 型	ベベル角度 $30°\sim35°$ ルート面 $0.8\sim2.4$ 開先深さ，$t\leqq22.4$	V
2段V型	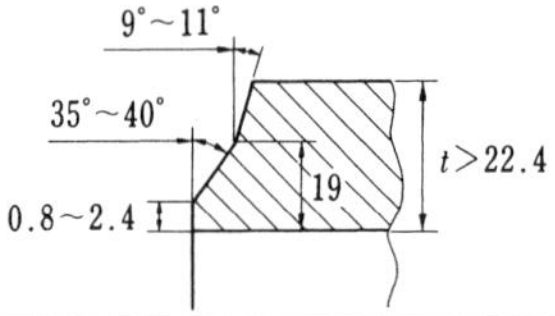 $9°\sim11°$ $35°\sim40°$ $0.8\sim2.4$，19，$t>22.4$	2段V
U 型	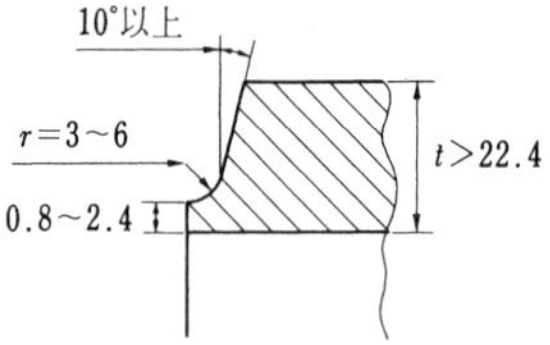 $10°$以上 $r=3\sim6$ $0.8\sim2.4$，$t>22.4$	U

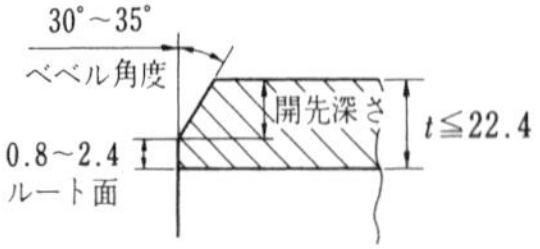

図18　管端の形状

は使い分けが必要である。

また，プラズマ切断では管内にスパッタの付着防止処置を行ってから施工する。

（4）管端の形状

管を突合せ溶接するときの管端の形状と寸法を**図18**に示す。

（5）管端加工機

グラインダ，ガス切断器あるいは専用機で加工する。

5. 管の切断と管端加工

a．グラインダと管回転機

切断した管を管回転機（ポジショナ）で回転させ，その管端にグラインダの砥石を当てて研削し，角度ゲージで検査しながらⅠ型あるいはⅤ型の管端形状に加工する。

b．ガス切断器と管回転機

炭素鋼鋼管の素管を管回転機で水平回転させ，管の切断とⅠ型あるいはⅤ型の管端加工を同時に施工する。例えば，ベベル角度30°のⅤ型に加工するには，**図19**のごとく，素管の表面に記入した切り代の所でガス切断器の火口に点火して管を加熱し，燃焼温度（1,350℃）で切断酸素を噴射すれば，鉄（融点1,540℃）は酸化され酸化鉄（融点1,370℃）だけが溶けて穴が開き，続いて火口をベベル角度の30°に傾斜させ，切断酸素流の位置を管の切断長さの位置から管厚さ t の半分（$0.5 \times t$）の所が残る位置に移動すると同時に素管を回転させて1周すれば管が切断できる。

つぎに切断した管のとがった先をグラインダで研削し，ルート面を管厚さの10分の1（$0.1 \times t$）にすればベベル角度30°のⅤ型が大略成形できる。このルート面が規定値より小さくなるときは傾斜した火口の移動を管厚さの半分より小さくする。なお，管の回転中は傾斜火口と管表面との間隔を一定にして切断し，切断後

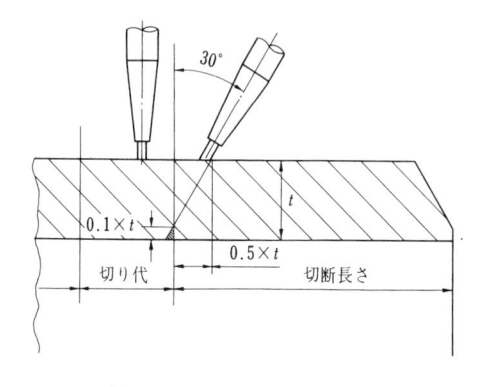

図19 ガス切断によるⅤ型加工

156 [Ⅱ] 配 管 の 施 工

に管内面に付着したスラグを除去する。

c．管端加工専用機

切断した管を固定し，刃物を回転させて管端をV型，2段V型あるいはU型に切削加工する機械で，GFカッターとかフェーシングマシンと呼ばれる各種の専用加工機がある。

6. 穴明け加工

母管に枝管を取付けるとき，母管に明ける穴が小径であればドリルを使用するが，大径の穴は管表面に相貫線を罫書き，ガス切断器やグラインダを使って穴明け加工を行う。

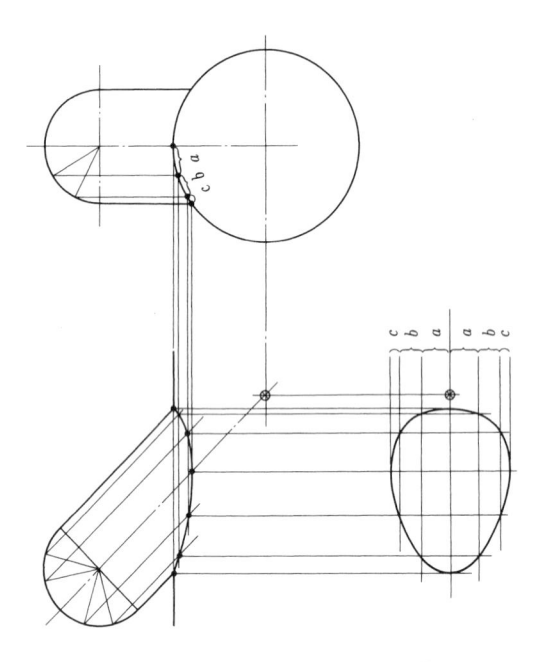

図20　枝管差込み展開図[母管相貫線]

6. 穴明け加工　**157**

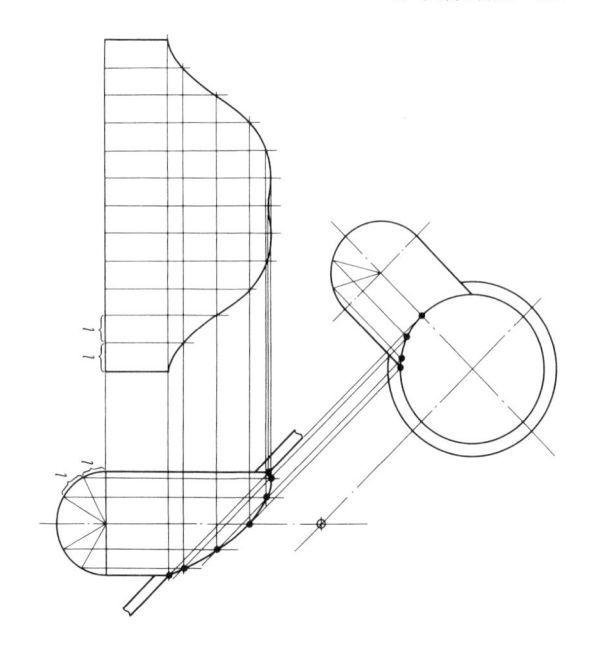

図 21　枝管差込み展開図[枝管相貫線]

(1) 相貫線の作図法
a. 枝管差込み展開図[母管相貫線](図20)
b. 枝管差込み展開図[枝管相貫線](図21)
c. 補強板展開図(図22)
d. エルボサポート展開図(図23)
e. マイターベンド展開図(図24)
(2) 加工法
　紙上に展開図を作図し，母管，枝管の表面にその相貫線を罫書き，取付けの位置，角度が正しいことを確認する。
　ガス切断器あるいはプラズマ切断器を使い，相貫線の切捨て側で，十分離れた所を取付角度から定まる方向に切断する。つぎに

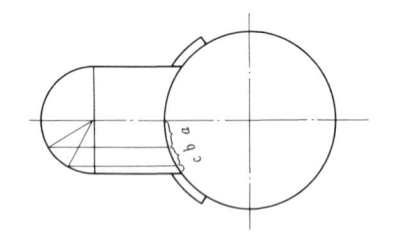

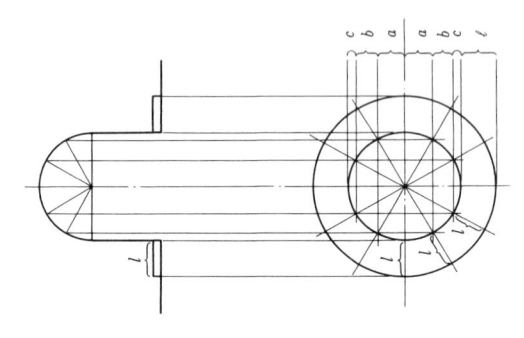

図 22 補強板展開図

グラインダで相貫線の位置まで研削し,母管と枝管を合わせて取付けの角度,穴の形状を確認する。つづいてグラインダを使い溶接用の開先形状に加工する。切断研削作業の前に,管内には薄鉄板などを差入れ,切断スラグが管の内壁に付着するのを防止する。作業が終ってから切片や研削粉とともに取出し,管の内部を清掃する。

7. 組立て・固定

スプール図に基づいて,組立てる管と管継手類の材質,呼び径,管厚さと長さならびに呼び圧力を正しく選定し,その接続は継手類の機械加工面と管表面を使って正しい位置と形状に定め,内側の縁を揃えてから,開先部に管と同材質の板材,あるいは使用す

7. 組立て・固定　**159**

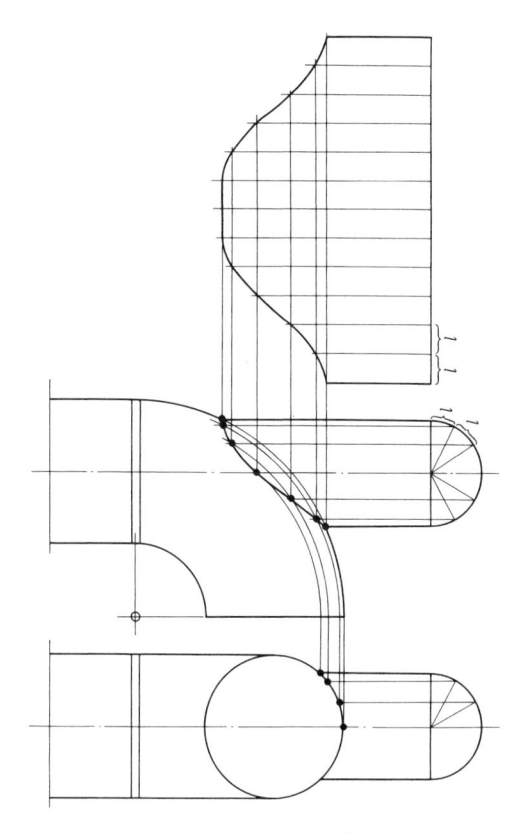

図 23 エルボサポート展開図

る溶接棒の心線で作ったルート間隔のスペーサを差入れ，仮止め溶接して固定する。

　この組立作業では，固定した管を水平回転させて下向溶接のできる箇所がもっとも多くなるように組立ての順序を計画する。

（1）組立用工具

160 [Ⅱ] 配管の施工

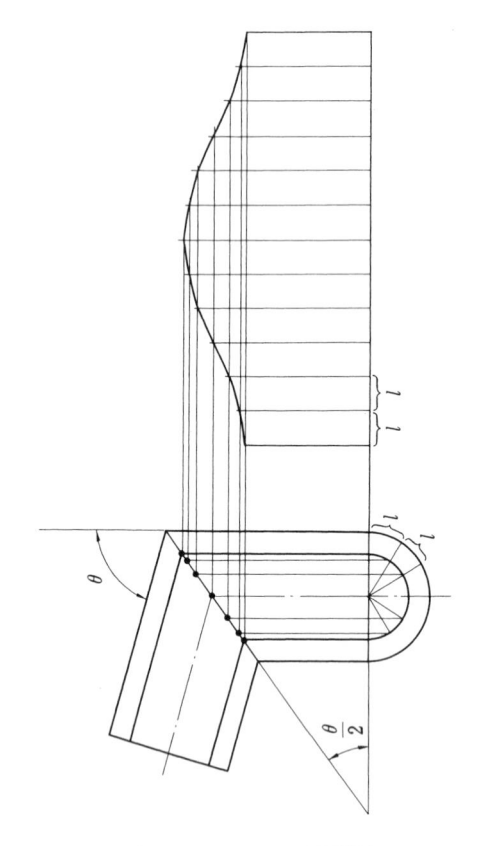

図24 マイターベンド展開図

a. 定盤, テーブルリフタ, パイプスタンド
b. ヤゲン台, マグネット, 各種クランプ
c. 水準器, スコヤ, 巻尺, 下振り
d. ティグ溶接機

7. 組立て・固定 *161*

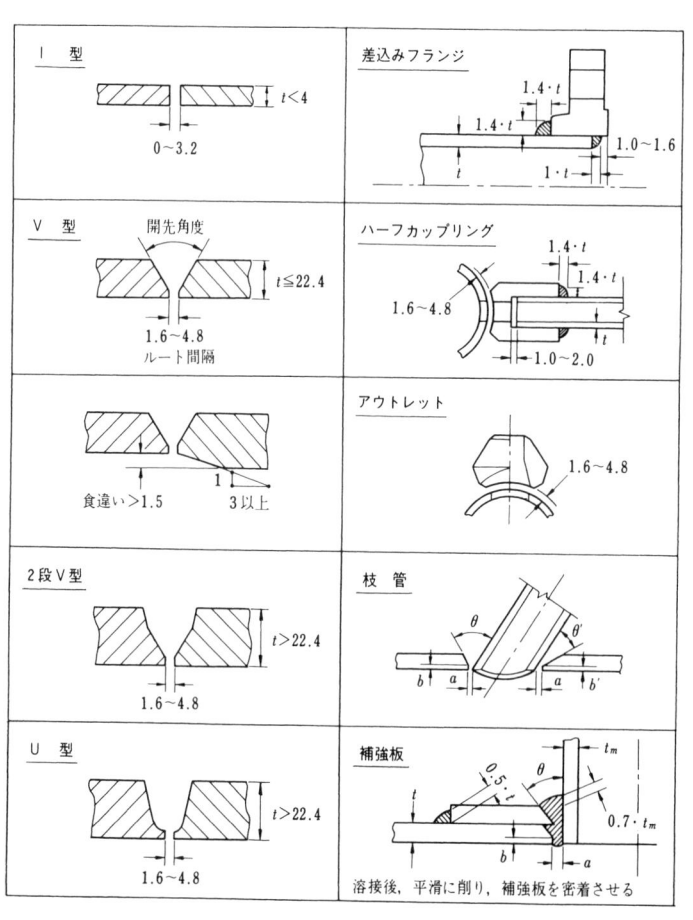

I 型 $t<4$ $0\sim3.2$	差込みフランジ $1.4\cdot t$ $1.4\cdot t$ $1.0\sim1.6$ $1\cdot t$
V 型　開先角度 $t\leqq22.4$ $1.6\sim4.8$ ルート間隔	ハーフカップリング $1.4\cdot t$ $1.4\cdot t$ $1.6\sim4.8$ $1.0\sim2.0$
食違い>1.5　　3以上	アウトレット $1.6\sim4.8$
2段V型 $t>22.4$ $1.6\sim4.8$	枝管 θ　θ' b　a　a　b'
U 型 $t>22.4$ $1.6\sim4.8$	補強板 t_m 0.5°　θ t $0.7\cdot t_m$ b　a 溶接後, 平滑に削り, 補強板を密着させる

図 25　開先の形状

162 [Ⅱ] 配管の施工

表39 管継手の寸法許容差　　　　　　　　　　単位〔mm〕

種　類	項　目	呼び径B ½～2½	3～4	5～8	10～12	14～16
JIS B 2311 一般配管用鋼製 突合せ溶接式 管継手	端部の外径	±2.0	±2.5	±3.5	+5.0 −4.5	
	端部の内径	±2.0	±2.5	±3.5	±4.5	
	厚さ	+規定しない −15%				
	中心から端面 (エルボ, T)	±2.0			±3.2	
	端面から端面 (レジューサ)	±2.0			±3.2	
	背から端面 (キャップ)	±3.2			±6.4	
	X (エルボ, レジューサ, T)	0.8		1.6	2.4	
	Y (エルボ, T)	1.6		3.2	4.8	6.4
JIS B 2312 配管用鋼製 突合せ溶接式 管継手	端部の外径	+1.6 −0.8	±1.6	+2.4 −1.6	+4.0 −3.2	
	端部の内径	±0.8	±1.6		±3.2	
	厚さ	+規定しない −12.5%				
	中心から端面 (エルボ, T)	±1.6			±2.4	
JIS B 2313 配管用鋼板製 突合せ溶接式 管継手	端面から端面 (レジューサ)	±1.6			±2.4	
	背から端面 (キャップ)	±3.2			±6.4	
	X (エルボ, レジューサ, T)	0.8		1.6	2.4	
	Y (エルボ, T)	1.6		3.2	4.8	6.4

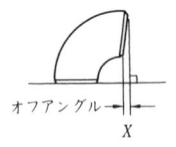

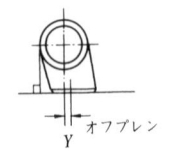

オフアングル　　X　　　　オフプレン　　Y

（2）開先の形状と組立て

　溶接用の開先形状は，**図25**に示すものが一般的である。このルート間隔は管の溶接が管外側からの片面溶接であるため，十分な溶込みと，内側に裏波溶接と称するビードの滑らかな波形模様を作り出す作業に必要な間隔である。この開先部を組立てる際に注

表40 開先の汚れと溶接欠陥

付　着　物	発生する欠陥	除　去　方　法
水，油類	割れ，ブローホール	バーナ加熱，拭取りで完全に除去
ペイント類	ブローホール	膜厚15μm以上はグラインダで除去
開先面防錆剤	低水素系溶接棒に対してはその特性を害する	グラインダで除去
錆	ブローホール，作業性悪化	グラインダ，ワイヤブラシで完全に除去
黒皮（酸化膜）	作業性悪化	グラインダで除去が望ましい

意すべき点は，

　a．溶接によって起こる横収縮が溶着金属量に比例するから，開先部の開先角度とルート間隔は管の全周にわたって一定とする。

　b．管と管継手にはそれぞれ製造上の許容差があるから組み立てたときに，内側の縁が揃わないことがある。この食違いが1.5mmを越えると，溶接しても縁の部分が溶けずに残り，溶込み不良の欠陥になる。そこで図に示すごとく，1:3以上の勾配に研削して内側の縁を揃える。このとき，管端のベベル角度がすでに加工済みであると，勾配の研削によって管の長さが短くなることに注意する。なお管継手の寸法許容差を**表39**に示す。

　c．フランジのボルト孔位置は，組立施工の基準として，中心線振分けとする。

　d．ハーフカップリングは差込み管の先端に1〜2mm程度のすき間（抜き代）を開ける。

　e．組立て・固定の終った開先部は清掃が必要であり，汚れたまま溶接すると**表40**のような欠陥が発生する。

（3）プレハブ管組立例

　プレハブ管を組立てる作業内容の一例を**図26**に示す。

（4）固定方法

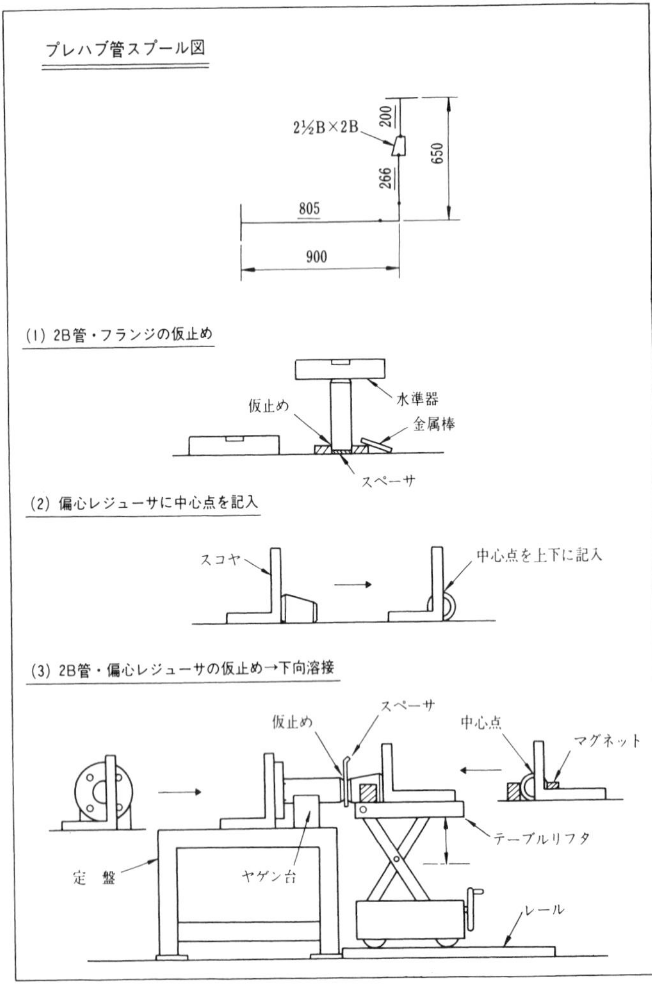

164 [Ⅱ] 配管の施工

プレハブ管スプール図

2½B×2B 200
650
266
805
900

(1) 2B管・フランジの仮止め

仮止め　水準器
　　　　金属棒
　　　スペーサ

(2) 偏心レジューサに中心点を記入

スコヤ　　　　　　　　　中心点を上下に記入

(3) 2B管・偏心レジューサの仮止め→下向溶接

仮止め　スペーサ　中心点　マグネット
テーブルリフタ
定盤　ヤゲン台　　　　　レール

図26　プレハブ管組立例(1)

7. 組立て・固定　**165**

(4) 2½Bエルボ・管の仮止め

(5) 2½B管・偏心レジューサの仮止め→下向溶接

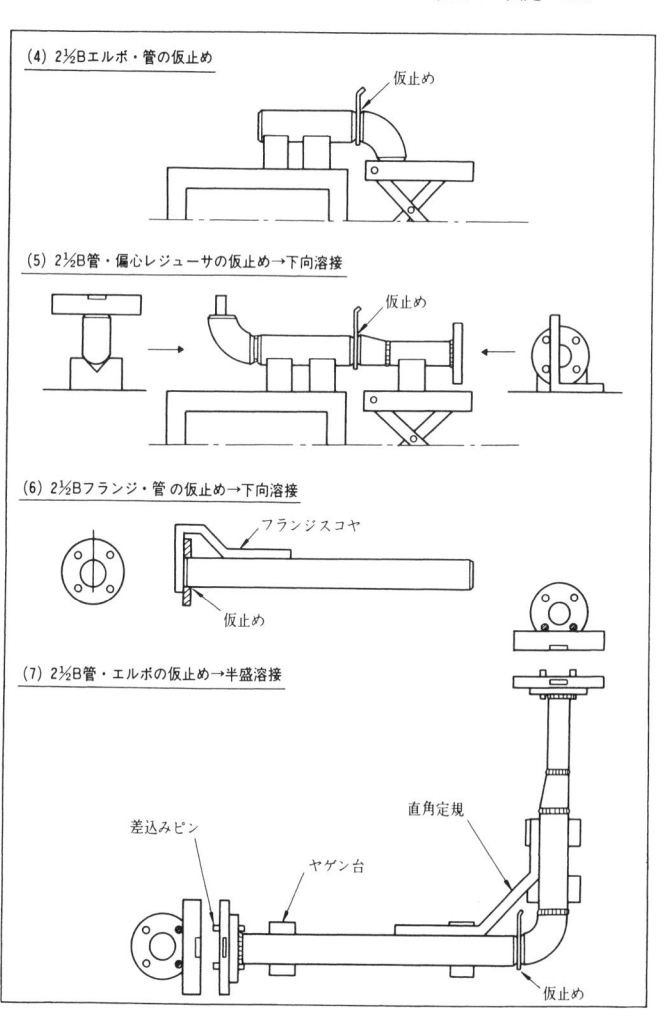

(6) 2½Bフランジ・管の仮止め→下向溶接

(7) 2½B管・エルボの仮止め→半盛溶接

図26　プレハブ管組立例(2)

166 [Ⅱ] 配管の施工

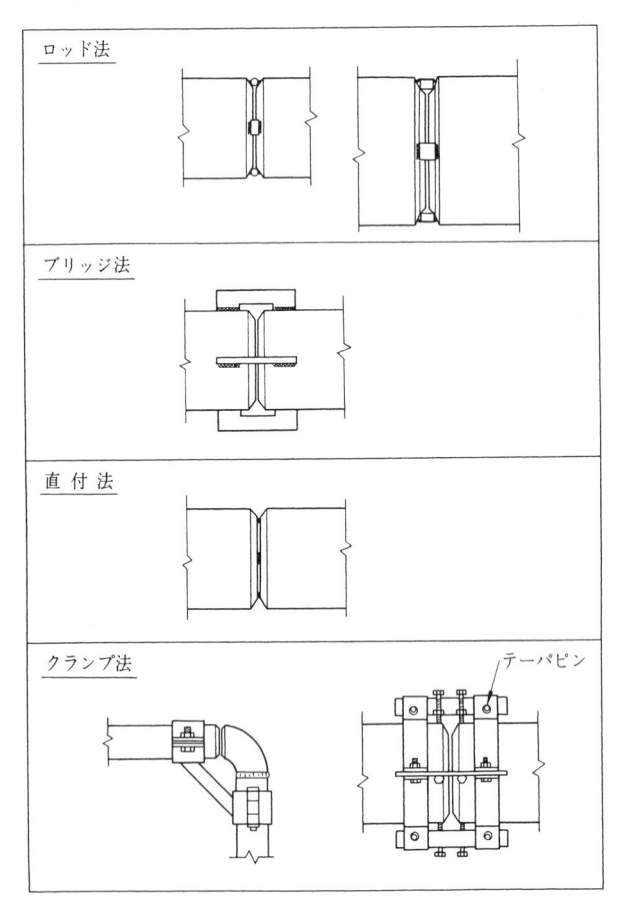

図27 開先部の固定法

表41 仮止数と溶接長さ　　　単位〔mm〕

呼び径 B	Sch 40 仮止数	Sch 40 溶接長さ	Sch 80 仮止数	Sch 80 溶接長さ	Sch 160 仮止数	Sch 160 溶接長さ
2	3	5	3	5	3	10
3〜4	3	8	3	10	3	15
5〜10	4	10	4	10〜15	4	15〜30
12〜16	6	10	6	15〜20	6	25〜35

　開先部を固定する方法には図27に示す4つの方法があり，そのいずれで施工するかは仕様書に定めてある。

　一般に使われているのは，仮止め溶接によるロッド法とブリッジ法である。この仮止め溶接の仮止数と溶接長さは表41のごとく，管の呼び径と管厚さ（Sch No.）によって定めてある。この仮止数は一般的プレハブ管の重さについて定めたものであるから，重量物で溶接強度が不足するときや，ステンレス鋼の薄肉管で溶接の歪によって食違いが大きくなるときは，この仮止め数を増加する。

　仮止め溶接では本溶接と同じ溶接材料を使って施工するが，溶接長さが短いために入熱量が少なく，冷却速度が早くなって，硬化や割れの恐れがある。低合金鋼の場合は本溶接と同様に予熱が必要である。

　仮止め溶接の位置は上向溶接になる最下部を避けて等間隔とし，溶接による変形を防ぐために管中心に対して対称的に仮止めを行い，ルート面を溶かさないように注意して溶接する。

　この仮止めの溶接作業は溶接技術の有資格者か，労働安全衛生法第59条3項に基づいて，事業者が行うアーク溶接などの安全衛生特別教育（学科11時間，実技10時間以上）を受けた作業者（配管作業者）が施工する。

　つぎに各固定法について説明する。

　a．ロッド法

　開先部にスペーサを差入れ，ルート間隔を定めてから，本溶接

に使う被覆アーク溶接棒の心線(Rod)を開先部に沿わせ,ティグ溶接法で心線側から溶かし,管の表面から2～3mm内側の開先面にアンダーカットを作らないように溶接する。心線の両側を溶接したあと心線を上下に折り曲げて切り取る。

この仮止めによって起こる横収縮はルート間隔の約10％程度であるから,1箇所の仮止め溶接が終るごとにスペーサの位置を変えないと抜取れなくなる。

厚肉管で開先の幅が広い場合には,管の残材から製作したブロック状ピースを使ってロッド材と同様に仮止め溶接する。

仮止めしたロッドの除去は溶接作業者が仮止め部分を残して初層溶接を行ったあとで,すべてのロッドをグラインダを使って除去する。このときのグラインダ作業で,開先面を深く研削し,本溶接に有害となる損傷を残してはいけない。

b．ブリッジ法

管の残材から製作したブリッジ(Bridge)形のピースを開先部の上に渡し,本溶接と同じ溶接材料を使い,被覆アーク溶接法で,ブリッジピースの片面と管表面をアンダーカットを作らぬように隅肉溶接して仮止めする。このブリッジピースでは管の表面を揃えて固定することができる。

ブリッジピースを取付け初層溶接を行ったあと仮止めしたブリッジピースを除去するには,隅肉溶接部をグラインダで削り取り,ピースの溶接していない面を軽く叩いて折り取り,管表面に残っている溶着金属をグラインダで研削して仕上げる。この取外し作業では,管表面に有害となるはく離や,グラインダの削り込みによる傷が付かないようにする。

このブリッジ法は開先面に仮止め溶接の跡がないから本溶接を施工するには理想的状態であるが,ブリッジピースの製作と除去跡の管表面の手直し作業,ならびに管に割れのないことを調べる浸透探傷試験を実施する必要がある。

c．直付法

本溶接と同じ溶接材料を使い,ティグ溶接法でルート面を溶接するもので,仮付け法とも呼ばれ,この溶着金属は本溶接の一部となるので,溶接技術の有資格者が施工する。しかし,この仮付け溶接は断続であるから,アークのスタートやエンドではルート

面が溶け落ちたり，ブローホール，アンダカット，クレータ割れなども起こりやすく，本溶接よりも高度の溶接技術を必要としている。

そこで放射線透過試験のない，重要度の低い突合せ溶接とか，隅肉溶接に使っている。

この直付法で固定した管を初層溶接するときは，この仮付けした溶着金属のところを，単に重ねて溶接したのでは融合不良の欠陥となりやすいから，アークをその位置で一時停滞させ溶着金属を十分溶かすことが必要である。

d．クランプ法

開先部を固定するために開発された専用クランプで，管の一端にクランプを取付け，開先部を正しい形状に組立ててから，クランプのねじ，あるいはくさびを使って他端の管を固定する。クランプで管を固定したまま初層溶接を行い，クランプを外して溶接できなかった部分を施工する。固定箇所が多く，その調整に手間どる大径薄肉管とか，組立作業が面倒になる現場工事で使っている。

8．工場溶接

所定の配管工場とか，現場に仮設した作業場における溶接で，その作業は管を水平回転させ，主として下向溶接で施工するから高品質の溶接継手が高能率に施工できる。しかし，配管の突合せ溶接はほとんどが手動による片面溶接であるから，十分な溶込みと滑らかな裏波ビードを作るためには，精度の良い開先と優れた溶接作業員が必要になる。

8-1．溶接準備と溶接資格

配管の溶接作業では作業性の優れた下向溶接ばかりでなく，全姿勢での溶接も必要であるから工事の着工前に溶接の技術検定を受けて合格し，ある程度の作業経験をもつ優れた溶接作業者が，溶接の施工条件を定めた溶接施工要領書に従って，適切な技術で施工することになる。さらには溶接継手の品質管理のために，溶接技術の知識と溶接施工管理に必要な経験をもつと認められた溶接技術者を選任する場合もある。

また，重要度の高い溶接部や施工経験の浅い材料，未熟な溶接

表42 溶接施工要領書

適 用 法 規	
母材 溶 接 部 分	
規　　　格	
寸　　　法	
溶 接 方 法	
溶 接 機	
シールドガスの種類と流量	トーチ側　　　　　　　　　　　　　　　　l/min バックシール　　　　　　　　　　　　　l/min

溶接条件	層	極性	溶接材料			電極	電流A	電圧V
			規格	銘柄	棒径	種類, 径		
	初層							
	2層							

溶 接 姿 勢	
熱管理 予　　　熱	
パス間温度	
直　後　熱	
後 熱 処 理	処理温度＿＿＿＿℃, 加熱速度＿＿＿＿℃/hr 保持時間＿＿＿＿hr, 冷却速度＿＿＿＿℃/hr
仕　　上　　げ	
従事溶接士の資格	
開先・形状・寸法	
溶接施工法試験	
溶接棒乾燥条件	＿＿＿＿℃×＿＿＿＿min
備考	

方法で施工する場合には，工事の着工前に溶接施工要領書と同一の条件で溶接を行い，その溶接継手の性能を調べる溶接施工方法確認試験を実施することが要求されている。

したがって，工事着工前に**表42**のような溶接施工要領書を作成し，溶接作業者の溶接技術検定資格，ならびに溶接技術者の資格と，溶接施工方法確認試験の記録を準備することが必要になる。

溶接作業者の技術資格については，JIS, JPIが鋼管の種類，溶接法に対して，**表43**のような資格を定めている。この資格の有効

表 43 配管溶接作業者の資格

鋼　　種		被覆アーク溶接	組み合せ被覆	組み合せ半自動	ティグ溶接
J I S	炭素鋼	N-1,2,3 P	C-2,3 P	SC-2,3 P	T-1 P
	ステンレス鋼	SUSCN-P	SUSCN-PM	—	SUSTN-P
J P I	炭素鋼	C種1級	CC種1級	CS種1級	CT種1級
		D種1級	DC種1級	DS種1級	
	低合金鋼	F種1,2級	FC種1,2級	FS種1,2,3級	FT種1級
	ステンレス鋼	H種1級	HC種1級	HS種1,2,3級	HT種1級

・組み合せは初めの 1～3 パスをティグ溶接で，後を被覆アーク溶接，半自動溶接
・JIS の 1 P は簿肉 6 mm 以下，2 P は中肉 20 mm 以下，3 P は厚肉すべての厚さ
・JPI の C, F, H 種は厚さ 22 mm 以下，D 種はすべての厚さ，1 級は現場と工場の溶接，2 級は工場溶接，ただし組み合せ半自動は工場で 1 級が全姿勢，2 級は立向と横向，3 級は下向の溶接

期間は 1 年間であるが，その間溶接作業に従事していれば，書類審査で 3 年まで延長が認められる。

この他に，電気事業法，ガス事業法，原子炉など規制法，ならびにボイラおよび圧力容器安全規則や ASME にもそれぞれの資格が定めてある。

8-2. 被覆アーク溶接法（Shield Metal Arc Welding : SMAW）

被覆アーク溶接棒と母材(管)の間にアークを発生させ，溶接棒と管が溶融凝固して接合する手動の溶接法で，被覆材がアーク熱で分解し，アークを安定させると同時にガスとスラグを発生して溶接金属と大気との接触を防止している。

溶接機は交流または直流で，垂下特性をもっているから，手振れによってアーク長が変化し，溶接電圧が変わっても，溶接電流の変動が小さいために，溶接棒の溶融速度があまり変化しないという利点がある。

直流では棒プラスの逆極性で使用するから，アークの温度は溶接棒側が高く，母材(管)側が低い。

溶接電流と電圧の範囲は使用する溶接棒の種類，溶接姿勢，ならびにルート間隔などによって適切な値が定まる。

8-3. 半自動アーク溶接法

手動で操作する溶接トーチへ,コイル状の溶接ワイヤを自動的に送給し,直流溶接機のプラス極をトーチに,マイナス極を母材(管)に接続し,逆極性でアークを発生させ,ワイヤと管が溶融凝固して接合する。

溶接ワイヤにはソリッドワイヤと,フラックス入りワイヤがあり,トーチからシールドガスとして炭酸ガス(MAG),あるいはアルゴンガス(MIG)を流して溶接金属と大気との接触を防止している。

フラックス入りワイヤにはシールドガスを使わない,セルフシールドアーク溶接用がある。

この直流溶接機は定電圧特性をもち,ワイヤを一定速度で送給しているときに,何らかの原因でアーク長が変化すると,それに対応して溶接電流が大きく変動し,ワイヤの溶融速度が変化して,アーク長が自動的に元の長さに復元できる特徴をもっている。

比較的小径のワイヤに高電流が流せるために溶融速度が早く,溶込みの深い結果が得られる。

使用中は,溶接トーチ内の給電用コンタクトチップが摩耗したり,ノズル内面へのスパッタ付着,あるいはワイヤ送給ローラの摩耗などに十分留意する必要がある。

また溶接中に受ける風からの影響は敏感であり,風速 1.5～2 m/s 程度でも悪影響を受けることがある。

8-4. ティグ溶接法 (Gas Tungsten Arc Welding : GTAW)

垂下特性をもった直流溶接機のプラス極を母材(管)に,マイナス極を手動のトーチに接続し,正極性で使用する。トーチのタングステン電極と母材の間隔を 3～5 mm に近づけて,手元のスイッチでアルゴンガスと高周波スパークを出してからアークを発生させ,母材が溶融したのち手動で供給する溶加棒を溶融滴下して接合する。溶接が終わり,アークを切ってから 5～6 秒後にアルゴンガスを停止する。

ステンレス鋼管の溶接では管内にもアルゴンガスを流して,酸化による悪影響を防止するバックシールが行われている。

高周波スパークはアークをノータッチで発生させ,安定化させる働きがある。ティグ溶接法は,アルゴンガスを使用し,高品質

の溶接継手が得られるので,片側溶接の初層溶接と小径薄肉管の隅肉溶接,ならびに仮止め溶接に使われている。

8-5. アーク溶接機の取扱い

アーク溶接機はつぎの条件,ならびに機具を使って施工する。

(1) 溶接機の許容使用率

JIS では溶接機の出力電流を 200, 300, 400, 500 A と定め,その定格使用率を 500 A が 60%,その他は 40% にしているから,許容使用率はつぎの式で計算できる。

$$許容使用率 = \left(\frac{出力電流}{使用電流}\right)^2 \times 定格使用率 \quad [\%]$$

この使用率を超えてアークを発生させると溶接機は異常な発熱を起こすことになる。そこで溶接機の温度上昇に関係のある 1〜1.5 hr に対して,この許容使用率以内にアーク発生時間を制限しなければならない。

(2) 一次側電源の周波数

アーク溶接機は,50 Hz 用と 60 Hz 用のそれぞれ専用機になっている。しかしコンデンサなしの 50 Hz 用溶接機は 60 Hz でも使用できるが,60 Hz 用溶接機を 50 Hz で使用すると,コイルの焼損が発生する。

(3) 自動電撃防止装置

アーク溶接機はアークを切ったときの最高無負荷電圧が 85〜95 V であるから,このとき溶接棒の心線や露出した給電部に直接触れると感電する危険がある。

そこでこの電圧を 25 V 以下に低減するのが自動電撃防止装置である。労働安全衛生規則の第 332 条では交流アーク溶接機用自動電撃防止装置を使用しなければならないと定めている。

(4) 遠隔制御装置

溶接機から離れた位置で,固定管を全姿勢で溶接するときに,上向きから立向き下向きの各溶接姿勢に対して,最適な電流が作業者の手元で調整できる装置である。

(5) 溶接用ケーブル

アーク溶接機の配線は,溶接機から電源までの一次側電線と,ホルダー(トーチ),母材までの二次側ケーブルであり,使用する溶接機が多いときには,一次側電線はできるだけ三相電源の平衡

表44 二次側ケーブルの太さ

〔単位：公称断面積 mm²〕

電流〔A〕 \ ケーブル長さ〔m〕	25	50	75	100
100 以下	38	38	38	50
150 以下	38	50	60	80
200 以下	38	60	80	100
250 以下	38	80	100	
350 以下	50	100		
400 以上	60 以上			

○使用率と電流値を考慮する

負荷を図るように接続する。

二次側ケーブルは過大な電流が流れると絶縁被覆が熱劣化を起こすから使用電流に応じた太さを使用する。実用的な電流密度は5 A/mm² 程度である。

このケーブルが長くなったり，束ねて巻くなど取扱いが悪いと電圧降下を生ずる恐れがある。**表44**は二次側ケーブルの長さと電流に応じた太さの基準を表わしている。また二次側ケーブルのうち，溶接機と母材間の帰線を不用意に設けた鋼材などで共用した場合には，他の溶接機の使用状態に応じて溶接電流が変動したり，弱くなるから単独配線に比べて作業性が悪化する。さらに配線の接続が不完全であると接触抵抗の不安定により溶接電流が変動したり，接触部の過熱で火災発生の恐れもあり適正な接続金具で接続する必要がある。

（6）保護具

溶接作業員の保護具には，安全帽，しゃ光眼鏡，腕カバー，前掛け，手袋，足カバーおよび安全靴などがある。また室内作業ではヒュームの換気装置も必要になる。

8-6. 溶接材料

溶接に使う被覆アーク溶接棒，ワイヤ，ならびに溶加棒は，鋼

8. 工場溶接

表45 溶接材料の規格番号　　（JIS B 8285）

鋼管の種類	被覆アーク溶接棒	ワイヤ ソリッド	ワイヤ フラックス入り	溶加棒
SGP, STPG STS, STPT STPL 380	D 4301, D 4316 D 5001, D 5016	YGW 1 X	YFWXX	YGT 50
STPA 12, 20 STPA 22, 23 STPA 24 STPA 25 STPA 26	DT 1216 DT 2316 DT 2416 DT 2516 DT 2616	YGCM-X YG 1 CM-X YG 2 CM-X YG 5 CM-X	YFCM-X YF 1 CM-X YF 2 CM-X	YGTM YGT 1 CM YGT 2 CM YGT 5 CM
STPL 450	DL 5016-XX	YGL 3-XX		YGL3-XX
SUS 304 TP SUS 316 TP	D 308 D 316	Y 308 Y 316	YF 308 X YF 316 X	Y 308 Y 316

（注）X は JIS で定めた数値，記号を表わす

　管の種類によって**表45**のように材料規格番号が JIS 規格として定めてあるから，この規格に適合した溶接材料を市販品の規格，等級，銘柄，色別，寸法などによって誤りなく選定する。

　炭素鋼鋼管の被覆アーク溶接棒で，D 4301 は心線が軟鋼（引張強さ 420 N/mm²）で被覆剤はもっとも一般的に使われ，作業性も良いイルミナイト系である。D 4316 は心線が軟鋼で，被覆剤は溶接金属中の水素量がもっとも少なく，機械的性質も優れている低水素系である。D 5001 と D 5016 は心線の引張強さがともに 490 N/mm² で被覆剤はそれぞれイルミナイト系と低水素系である。

　被覆アーク溶接棒としては，被覆剤のはがれ，割れ，汚れとか，変質がなく，製造日から 24 カ月以内のものを製作者が指定した条件で十分に乾燥し，乾燥器から取出したあと，4 時間以上放置したものは再乾燥する。この再乾燥は 2 回までとし，防湿筒に入れて使用する。一般的な乾燥条件はイルミナイト系は 70～100°C で 30～60 min，低水素系は 300～400°C で約 60 min，ステンレス鋼のライムチタニヤ系は 150～200°C で 30～60 min である。ワイヤ，溶

表46 予熱,後熱処理条件

鋼管の種類	SGP, STPG STS, STPT STPL 380	STPA 12 STPA 20	STPA 22 STPA 23	STPA 24 STPA 25 STPA 26	STPL 450
予熱・パス間温度〔℃〕	*	100〜250	150〜300	200〜350	50〜100
後熱処理最低保持温度 〔℃〕	595	595	595	675	595
最小保持時間 H 〔hr〕 (溶接部の厚さ t 〔mm〕)	$t \leq 6,\ H \geq 0.25$				
	$6 < t \leq 50$ $H \geq \dfrac{t}{25}$	$6 < t < 125$ $H \geq \dfrac{t}{25}$			

*) 気温5℃以下では30〜50℃
　管厚さ25mm以上では100℃以上

加棒については,表面に錆,油脂,塗料や水その他の付着物がないものを使用する。

シールドガスは,純度99.8%以上のアルゴンガス,あるいは炭酸ガス,ならびにアルゴンガスに炭酸ガスや少量の酸素を混合したものが要領書に基づいて使用される。

8-7. 熱管理

溶接部には,溶接材料の金属が溶融凝固した溶着金属と,母材が溶融凝固した溶融母材とからなる溶接金属部に,溶融母材からの熱で母材の組成や性質が変化した熱影響部がある。この溶接部は急冷によって硬化したり,含まれる水素量によって割れが発生する。この割れ防止と溶込みの安定を目的にして,溶接前の予熱や溶接中のパス間温度保持,ならびに遅れ割れ防止のため溶接後の直後熱が溶接施工要領書に基づいて実施される。

予熱の加熱方法はガスバーナ,または電気抵抗加熱で,開先部を中心にして開先幅の6倍以上の範囲を**表46**の温度に加熱する。パス間温度も予熱と同じ温度に保持する。一般に常温の炭素鋼管,ステンレス鋼管は予熱を行わず,パス間温度も150℃以下とする。直後熱は,溶接終了後に溶接部の温度が急激に150℃以下とならないように,溶接部を中心にして溶接幅の12倍以上を保温材で

表47 硬さの基準値

鋼管の種類	ブリネル硬さ〔H_B〕
STPA 12	200 以下
STPA 20, 22, 23	225 以下
STPA 24, 25, 26	235 以下

包み除冷する。なお STPA 24, 25, 26 の鋼管で管厚さが 12 mm 以上のものは、溶接終了後に溶接部付近を 300～500℃に 15 min 間再加熱したのち保温材で包み除冷する。これらの温度は温度チョークで管表面にマークを付けて確認できる。

溶接が終ってからの後熱処理（PWHT）は溶接部の軟化と残留応力の緩和を目的として行うもので、加熱炉または局部加熱で行うが、炉内加熱が一度にできないときは二度に分け、加熱が重なる部分は 1.5 m 以上とする。炉内に出し入れさせるときの炉内温度は 425℃未満とし、溶接部の厚さが 25 mm 以下のときは、炉内で 425℃以上の温度における加熱速度を 220℃/hr、冷却速度を 280℃/hr 以下とし、厚さが 25 mm を超える場合はさらに遅くする。ただし 55℃/hr 以上とする。

電気抵抗式で局部加熱を行う場合は、ヒータの巻き方、熱電対温度計の取付位置について注意し、加熱幅は溶接部を中心にして溶接幅の 6 倍、その上に巻付ける保温材の幅は溶接幅の 12 倍以上にして加熱する。

後熱処理が終ってから測定する溶接金属部の硬さは、**表47** の値を基準にしている。測定にはブリネル硬度計を使い、測定部の表面をヤスリで平滑に仕上げ、管の呼び径が 8 B 以下では 1 箇所、10 B 以上では対称位置の 2 箇所について測定する。

8-8. 溶接施工

配管の溶接は溶接施工要領書に基づいて、母材（管）に対する溶接材料を選定し、開先の形状と、清掃状態を確認してから、ルート間隔、溶接姿勢、ならびに溶接材料から定まる溶接の電流、電圧を調整し、つぎの点に注意して施工する。

178 [**II**] 配管の施工

(1) 下向き(回転)溶接

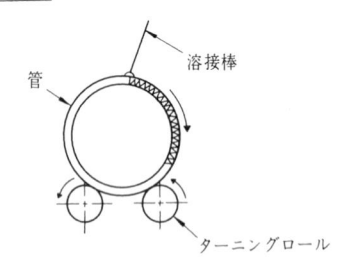

(2) 半盛溶接

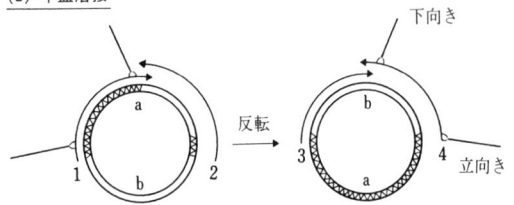

(3) 固定管溶接

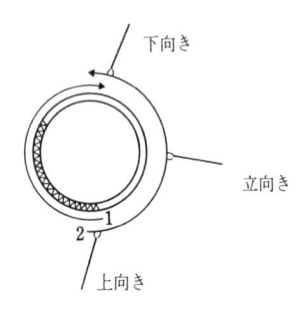

図 28　水平管の溶接

（1）溶接の施工順序は，溶接による変形とか，内部応力をできるだけ少なくするために，歪の発生が大きくなる継手を先に，小さい継手を後にして，管の中心に対して対称的な位置を順次施工する。

（2）溶接姿勢は，良好な溶接結果が得られる下向き溶接で施工する。そのためにターニングロールとか，ポジショナを使用してできるだけ管を水平回転させる。

管の形状で回転が不安定になるときは，バランスウェイトを取付けるなどしてスムースに回転させる。

管が回転不可能な二次元形状の組立管では，立向きから下向きの半盛溶接を対称的に行い，つぎに組立管を反転させて，同様の半盛溶接を施工する。また，管が反転できない固定管の場合は，上向きから立向き，下向きの固定管溶接を対称的に施工する（図28）。

（3）アークのスタートは開先面で行い，アークの始点，終点はブローホールや融合不良が発生しやすいので，その欠陥部分をグラインダで除去してから次層の溶接を行い，始点，終点が重ならないように 10〜20 mm 程度ずらして施工する。また，終点ではクレータを小さくするようにアーク運びに注意する。

（4）溶接棒の運棒法は常に均一な溶着ができるように，アークの長さを一定にして，適当な角度で一様な操作を連続させ，溶接棒の性質をよく知って，アンダカット，オーバラップ，スラグ巻込みなどの欠陥が起こらないように溶接条件との関係を適正にする。

（5）管の初層溶接はティグ溶接法で，ルート面を十分溶融させて溶込み不良が起こらないように注意し，管の裏側に滑らかな波形のビードができる裏波溶接を行う。溶接の順序は仮止め部を残して，管の中心に対し，対称的な位置の溶接を行ったあとすべての仮止めをグラインダを使って取外し，その部分の初層溶接を行う。溶接後に，目視検査して有害となる欠陥のないことを確認してから，被覆アーク溶接法，あるいはティグ溶接法で次層の溶接を行う。

（6）2段V型やU型開先などの多層盛溶接では，ビードの上にスラグが残ったままで次層を溶接するとスラグの巻込みが起こ

表48 外観検査の許容値

項　　目	許容値〔mm〕	処　　置
余盛の高さ (t：管厚さ)	$t≦12$　　　：1.5以下 $12<t≦25$：2.5以下 $25<t≦50$：3.0以下	グラインダ，または ヤスリで仕上げる
脚長，のど厚さ	0〜+5	不足なら溶接する
スラグ	著しいものがないこと	ワイヤブラシで除去
アンダカット	0.5以下	深いものは肉盛する
オーバラップ	著しいものがないこと	ヤスリで仕上げる
ビード表面の凹凸	2.0以下	グラインダ，または ヤスリで仕上げる
管表面のスパッタ	許容しない	ワイヤブラシで除去
管表面のアークストライク	許容しない	ヤスリで仕上げる
管表面に仮止めした溶着金属	許容しない	グラインダで除去
割　　れ	許容しない	発生原因を究明し 再発防止対策を立てて 補修溶接する

る。またビードに異常な凹凸やアンダカットがあるときは，融合不良が発生しやすいのでグラインダで平滑に仕上げてから次層溶接を行い，表面の余盛り高さは規定値以内とする。

（7）差込み溶接式フランジの隅肉溶接では脚長の長い外側を先に溶接し，短い内側を後から溶接して残留応力を小さくする。なおフランジの溶接では，接面にアークによる傷やスパッタ付着の防止処置を行ってから施工する。

（8）差込み溶接式の管継手や弁などの隅肉溶接では，差込んだ管の先端に1〜2mm程度の抜き代（すき間）を開けて溶接する。この抜き代がないと溶接が終って，冷却収縮したときに溶接部に割れが発生する。また弁は弁体を開けて溶接する。

（9）穴の部分に溶接する補強板には，溶接前に空気抜き用のタ

表 49　溶接欠陥

欠 陥 の 種 類		原　　因
<u>割　れ</u> 溶接部に発生する割れ		溶接部の水素量 熱影響部の硬化 拘束度が大きい
<u>溶込み不良</u> 溶接金属の溶け込まない部分が残る		ルート部の形状不良 食違い 電流が弱い
<u>融合不良</u> ビードの境界面が溶け合っていない		前層ビードの形状不良 前層のアンダカット 溶接棒の乾燥不良
<u>スラグ巻込み</u> 溶接金属中にスラグを残す		スラグ除去不良 前層ビードの形状不良 スラグの先行
<u>ブローホール</u> 溶接金属中に生じた空洞とか孔		開先面の汚れ 溶接棒の乾燥不良 シールド不良
<u>アンダカット</u> 止端部のアークで掘られた溝		電流が強い 溶接速度が早い 溶接棒が太い
<u>オーバラップ</u> 止端部の母材と溶着金属の重り		電流が弱い 溶接速度が遅い 溶接作業員の不注意

ップ穴（$R_c1/8$）を加工し，溶接後はプラグをねじ込んでおく。

　(10) 溶接は連続して施工し，中断する場合は管厚さの半分，または3層以上の溶接を連続施工してから中断する。再開時には熱管理を厳守して施工する。

　(11) 溶接割れの補修では，その原因を十分に究明した溶接技術者の指示に従って，割れ止め穴を明け，割れた部分をグラインダ

182　[II] 配管の施工

で取り除いてから開先加工を行い,補修溶接を施工する。ただし,同じ箇所での補修溶接は2回までとする。

(12) 気温が-10℃以下とか,雨,雪,風の気象条件が溶接に悪影響を及ぼす恐れのあるときは溶接に施工できない。

(13) 溶接が終ったら外観検査を行い,管の表面から盛り上った溶着金属の余盛の高さなどが,**表48**の許容値内にあることを確認する。

(14) 溶接後に発生した曲りの修正は,縮み側を水冷しながら伸び側を加熱し,塑性ひずみを起こしてから空冷する。

8-9. 溶接欠陥

主な欠陥を**表49**に示す。欠陥部分は厚さの減少割れに近い状態で,応力集中も起こり,強度が弱くなっている。

9. 非破壊検査

溶接作業の前後において,溶接部を破壊せずに仕様書に基づいて行う検査である。

9-1. 溶接前の検査項目
a. 管の種類に対する溶接材料の規格銘柄と乾燥状態
b. 開先部のルート間隔,開先角度,食違い,清掃状態
c. 予熱条件
d. 溶接作業員の取得資格
e. 溶接機の種類と能力
f. 管の回転用設備

9-2. 溶接中の検査項目
a. 溶接電流と電圧,溶接速度,運棒状況
b. 予熱温度とパス間温度
c. 溶込み状態とビードの形状
d. 層上スラグの除去
e. 溶接姿勢

9-3. 溶接後の検査項目
(1) 目視検査(VT)
表48の外観検査の他につぎの点も検査する。

a．プレハブ管の使用材料と組立形状
b．管内部の清掃状態
c．ソケット取付部の穴明加工
d．差込みフランジの内側溶接の施工
e．オリフィスフランジ突合せ溶接部の内面仕上
（2）浸透探傷試験（PT）

　表面に開口した肉眼では調べにくい欠陥部分に，赤色の浸透液を塗布し，余剰の浸透液を除去してから，表面に作った白色現像剤被膜中に，欠陥にしみ込んだ赤色浸透液を浸出させて微細な欠陥を検出する試験である。この試験はカラーチェックとも呼ばれ，溶接後熱処理を実施する前に行っている。

　判定は割れは不合格，線形，円形状指示模様は有害なものを不合格とする。

（3）磁粉探傷試験（MT）

　表面近傍にブローホール，スラグ，割れなどの欠陥があると，その部分を磁化すれば磁束が乱れるから，これに磁粉をかけて検出する試験である。この試験は微細な欠陥でも容易に検出できるが，非磁性体には適用できない。後熱処理を実施してから行い，判定は浸透探傷試験と同様である。

（4）超音波探傷試験（UT）

　溶接部に1～5MHzの超音波を入射すると，内部にブローホールや割れなどの欠陥があれば，超音波はそこで反射するから，これを探触子で受信してブラウン管に現わし，欠陥の状態を観測する試験である。この試験は使用方法が簡単で，経費も少ないが判定には熟練を要する。

（5）放射線透過試験（RT）

　溶接部にX線またはγ線（^{192}Ir）を照射すると，透過した放射線が裏側のフィルムを感光させる。溶接の内部にあるブローホールやスラグのような欠陥部分では，健全な部分に比べて放射線が減弱しないため，現像処理されたフィルムには，欠陥の投影像が黒く（濃く）なって現れ，透過厚さの1～2%までの大きさを確実に検出できる。X線は像が鮮明であるが透過厚さは30 mmが限界であり，それ以上の肉厚管とか，高所での試験には^{192}Irのγ線を使っている。

表50 フィルムの撮影枚数

呼び径 B	Sch 40	Sch 80	Sch 160
1	2	2	4
2	2	2	4
3	2	2	4
4	4	4	4
5	4	4	4
6	4	4	4
8	4	4	5
10	5	5	7
12	6	6	8
14	7	7	9

ブローホールやスラグ，融合不良などの立体的欠陥とか，幅のある溶込み不良は検出できるが，密着した割れが放射線方向と直角の位置にあるときは検出が困難であり，こうした欠陥を正確にフィルムに写し，それを判定するには十分な技術と経験が必要である。

放射線透過試験は放射線源，溶接部，フィルムの配置が関わるので，管の円周溶接部に対しては，線源とフィルムを管外部に配置して，溶接線上下部の投影が重ならないように照射方向を定め，呼び径3B以下の薄肉管では上下の両面を同時に撮影する二重壁両面，呼び径4B以上では上下の片面のみをそれぞれ撮影する二重壁片面，ならびに大径管では管内部にフィルムを配置した内部フィルムと，管外部にフィルム，管内部に線源を配置した内部線源の4種類の撮影方法が用いられている。

フィルムの撮影枚数はその大きさ，撮影配置などから決められるが，**表50**は二重壁撮影で，管呼び径と管厚さに対する撮影枚数の一例で線源はX線である。

撮影は低合金鋼鋼管と高温使用のステンレス鋼鋼管が溶接線の全線，耐食使用のステンレス鋼鋼管と炭素鋼鋼管が溶接線全線の5～20％範囲の抜取りで行われている。この抜取りの方法は，（1）

表51 透過写真のきず分類方法（JIS Z 3104（鋼））

(1) きずの種別

第1種	丸いブローホール，これに類するきず
第2種	細長いスラグ巻込み，これに類するきず
第3種	割れ，これに類するきず
第4種	タングステン巻込み（白色像）

(2) 第1, 4種のきず点数

(a) 試験視野　　　　　　単位〔mm〕

管厚さ t	$t \leq 25$	$t \leq 100$
視野	10×10	10×20

(b) 算定しないきず　　　単位〔mm〕

管厚さ t	$t \leq 25$	$t \leq 50$
きずの長径	≤ 0.5	≤ 0.7

（きず点数が最大の部位）

(c) きず点数

きずの長径〔mm〕	≤ 1.0	≤ 2.0	≤ 3.0	≤ 4.0	≤ 6.0	≤ 8.0
点数	1	2	3	6	10	15

・第4種のきずは(a)，(b)，(c)で求めた点数の1/2
・きずが2個以上では各点数の総和とする。

(3) 第2種のきず長さ〔mm〕
きず長さの測定値。きずが一線上に存在し、きずときずの間隔が大きいきず長さ以下では、その間隔を含めたきず群の長さ。

(4) きずの分類
(a) 第1, 4種の許容きず点数

視野〔mm〕		10×10		10×20
管厚さ t〔mm〕		$t \leq 10$	$t \leq 25$	$t \leq 50$
分類	1類	1	2	4
	2類	3	6	12
	3類	6	12	24

・きずの長径 $> (t \times 1/2)$ は4類
・1類は算出しないきずが10個未満

(b) 第2種の許容きず長さ

管厚さ t〔mm〕		$t \leq 12$	$t < 48$
分類	1類	≤ 3	$\leq t \times 1/4$
	2類	≤ 4	$\leq t \times 1/3$
	3類	≤ 6	$\leq t \times 1/2$

・1類の溶込不良，融合不良は2類

(c) 第3種のきず
　　第3種のきずは4類

(5) 総合分類
(a) きずの種別が1種類ならその分類，2種類以上なら大きい方の分類。
(b) 第1, 4種に第2種のきずが混在し，同分類なら一つ大きい分類。同分類が1類なら各許容値の1/2を，それぞれ超えた場合にだけ2類とする。

186 [Ⅱ] 配管の施工

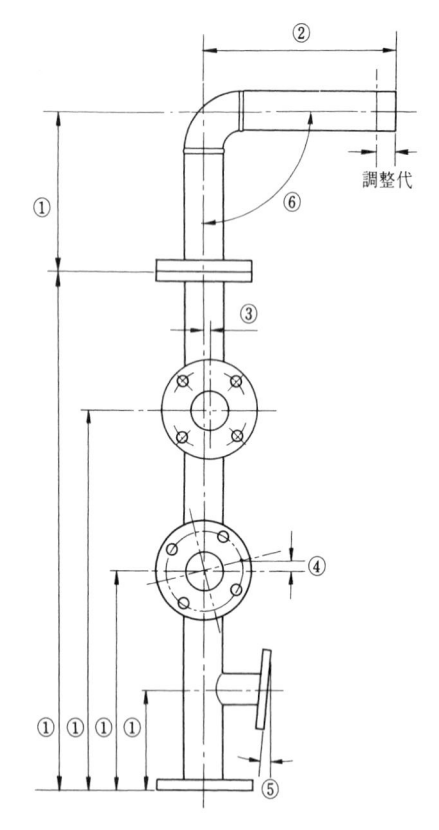

位置	許容差	位置	許容差
①	±3.2mm	④	±1.6mm
②	任　意	⑤	0.5度
③	±1.0mm	⑥	±0.5度

図 29　プレハブ管の許容差

全溶接箇所，(2) 1 溶接箇所の周長，(3) 全フィルム撮影枚数のいずれかに対する抜取り率で定めている。したがって，抜取り試験の不合格に対する対策については，種々の考え方があるので，仕様書に補修溶接の施工条件を明記しておかなければならない。

欠陥の判定基準には，**表 51** の JIS Z 3104(鋼)によるきず分類方法がある。第 1，2，4 種のきずでは 1，2 類を合格としているから，すべてが 4 類となる第 3 種のきずは不合格になる。この試験は溶接後熱処理を実施する前に行っている。

9-4. プレハブ管の寸法検査

溶接作業が終り，溶接後熱処理も終わってから，巻尺，スコヤ，水準器，あるいは角度計などを使って，プレハブ管の長さ，角度を測定して図面寸法と照合し間違いないことを確認する。なおこのときの寸法許容差は**図 29** のとおりである。

10. 梱包輸送

製作の終わったプレハブ管は，現場の組立作業で必要になるスプール番号，ピース番号，あるいはラインナンバーを管の表面に記入し，ブロック別とか，ライン別の色別もマークする。つぎに管内にごみや異物の入っていないことを確認し，管端の加工部やフランジ接面を保護するために，ベニヤ板の円板とか専用のビニルキャップを針金や粘着テープで取付けて梱包する。

梱包したプレハブ管をプラントの現場へ輸送するについては，プレハブ管の輸送量，輸送径路の交通事情とか交通規制，ならびに現場における運搬方法などを考慮しなければならないが，プレハブ管の大きさとしては，幅と高さが 2.3 m，長さが 12 m を制限寸法とするのが望ましい。また，海上輸送の場合には海水に対する保護対策がさらに必要となる。

11. 現場工事

プラント配管の現場工事には，所定の配管工場や現場の作業場で製作したプレハブ管を現地で組立て，機器へ取付ける作業と，一部ではあるが現地で配管の製作から取付けまでを一貫して施工する作業がある。

12. 作業場, 倉庫, 事務所, 控室の仮設

プラントの近くに仮設した現場工事用の建物で, この建物には電気配線, 水道配管などが必要になる。
- 作業場では移動式の配管加工機械や工具, ならびに溶接機, 小型クレーンなどを設置し, 余裕ある電力の工事用電源を準備して, 配管工場と同様にプレハブ管を製作する。
- 倉庫は配管部品や溶接材料を保管する。
- 事務所では工事用図面や仕様書, 工程表に基づいて, 工事の計画, 施工条件の確認, 工事管理や材料管理といった机上での事務作業を行う。
- 控室は主に作業員の更衣室, 休憩室に使用する。

13. 材料受入れ

配管材料の受入管理は, 工場製作の材料受入れと同様であるが, 現場工事ではさらにプレハブ管の受入管理について, つぎの点に注意する。
- a. プレハブ管を車から吊り下す作業で, 配管の変形や損傷を起こさないこと。
- b. 管端面とフランジ接面の保護状態が確実であること。
- c. 仮置きは取付位置に近い場所とし, ブロック別とかライン別の区分を色別で確認し, 取出しやすいように指定した角材の上に置く。
- d. 小径のプレハブ管は変形しやすいので, 枕木の間隔には注意する。
- e. プレハブ管は山積みができないので広い仮置場が必要になる。
- f. 送付書と現物の内容を確認し, 受入日を記録する。

14. 地上組立て

プレハブ管の現場溶接(FW)が高所とか, 作業条件の悪い所であれば, 確実な作業が難しいので, これを運搬が可能な大きさまで作業性の良い地上で組立て, あるいはこれを据付け前の機器に地上で取付け, 塗装断熱工事まで施工してから, クレーン車で搬

14. 地上組立て

入する工法で，この地上組立ての作業内容としては，

(1) 機器ノズル間の寸法測定

プレハブ組立管を取付ける機器ノズルの位置は，機器の基礎ボルトを基準にして測定したあと図面を確認して定め，機器ノズル間を連絡するプレハブ組立管の必要寸法を[mm]単位で正確に実測する。さらに機器ノズルのフランジについては，取付いている位置，方向，傾き角度とボルト穴の位置も確認し，配管の途中にある架台の位置や支持装置の取付位置も実測する。

(2) クレーン車の選定

プレハブ組立管を地上，あるいは運搬車から取付位置まで吊り上げるクレーン車は，つぎの点を検討して選定する。

a. 吊り上げるプレハブ組立管の荷重，大きさ，形状。
b. クレーン車のブーム長さと傾斜角度で定まる定格荷重（最も安定に運転できる荷重）と作業半径。
c. 現地の地耐力。
d. 作業場所における周囲の状況。
e. 運搬車の搬入経路。

(3) 地上溶接

クレーン車で吊り上げできる最大限のプレハブ組立管を，地上で組立てる溶接作業で，地上組立てではあるが大部分は作業員による手動作業によって施工される。

工場製作したプレハブ管の調整代を，機器ノズル間の実測寸法から定まる長さに，配管作業員がガス切断器とか，プラズマ切断器を使って切断し，グラインダ，または可搬式開先切削機で管端を加工する。プラズマ切断するときは，溶断部が崩れるから切り代は大きくとり，ステンレス鋼の加工には専用のグラインダ砥石を使用する。

加工の終ったプレハブ管の管端部を組立てて，仮止め溶接し，長さを測定して実測寸法と間違いないことを確認する。つづいて資格をもっている溶接作業員が開先の形状，清掃状態を調べ，溶接材料を選定して本溶接を行う。このときの本溶接は組立管が回転できないので，半盛溶接か固定管溶接で施工する。現場工事においても，工場製作と同様に，熱管理とか非破壊検査が仕様書に基づいて実施される。

(4) 地上組立のブロック

プラント配管で地上組立が施工されるブロックには，塔，槽，熱交換器回り，ポンプ回り，調節弁回りとか，ラック配管などである。さらに吊上げ荷重は大きくなるが，据付け前の機器にこのブロックを直接取付け，塗装断熱工事まで地上で施工することが望ましい。

15. 現場取付け

プラントを構成する機器間に配管を取付けていく作業で，その作業内容としては，

(1) 作業足場の仮設

プレハブ組立管とか，支持装置を運搬して取付けるための作業足場で，その構造とか安全ネットについては基準，規則を厳守し，作業の安全を第一に考えて仮設する。なお，関連工事の共通足場を使用するときは関係者に十分な連絡をとることが必要である。

(2) 支持装置の製作取付け

支持装置の図面に基づいて現場の作業場で製作する。現場合わせが必要なものは調整代を残して製作し現地に仮止め溶接して取付ける。取付ける支持装置にはこの他にも各種の形式があって，熱膨張に対する移動とか，固定の制御，振動の緩和，変位によって支持力が変わるなど各種の機能をもった装置がある。そこで，こうした機能が正しく働くことを確認し，固定のボルトとかピンの付いたものは昇温昇圧試験まで外さず，図面の定めた位置に正しく取付ける。

(3) プレハブ組立管の取付け

据付けの終わっているプラントの機器に，地上で組立てたプレハブ組立管を取付けていく作業で，その内容としては，

a. 組立管の内部に付着した異物や残留物などを完全に取除いてから取付ける。

b. 取付けは両端の機器ノズルを起点にして，途中の支持装置で支持しながら，高所から低所へ向ってプレハブ組立管の取付けを進め，組立て箇所はすべて仮止め溶接で固定し，機器や架台の据付け誤差をすべて吸収する接続位置は，溶接作業が安全で容易に行える低所に定め，全ラインを敷設したあと

15. 現場取付

で両端の機器ノズルに無理な配管荷重がかかっていないことを確認してから，仮止めにした箇所の本溶接を行う。この本溶接についても地上溶接と同じような溶接条件に基づいて施工する。

c. 配管に組立てる弁，調節弁や伸縮管継手，計器類は，その材質，呼び径，呼び圧力，流れ方向，組立形状を図面で調べ，取付け位置を確認してから，弁，調節弁，伸縮管継手は，フラッシングによる損傷を考え，その取付け部分に仮短管を取付けて組立てる。計器類をフランジで取付ける場合には，昇温昇圧試験までフランジの間に仕切板を入れて遮断してから均等に締付ける。

d. パイプラックの配管は，作業性と安全性より下段から上段の順に施工する。

e. パイプラック配管やヤード配管のごとく取付ける作業で水平移動を行う場合は，ローラコンベアとそり，ならびに電動ウインチを活用する。

f. 高所へ取付けるときは，クレーンで吊り上げるが，プレハブ組立管に掛けるワイヤには，その一端にレバーホイストを取付けておくと，ノズル部に合わせるときにレバーを操作して微動調整ができるから作業性が向上する。

g. フランジ継手の締付けは，互いのフランジ接面が平行状態にあって，管中心線のずれと，ボルト穴の位置ずれは，ボルトがボルト穴に自然に差込める程度でなければならない。この状態を作るためにフランジ継手に無理な力を与えて締付けると，ガスケットにかかる力が不均一になって漏れの原因になる。

h. リング状のガスケットは，その中心を管の中心線に合わせて締付け，ガスケットの片寄りによって流れの状態を阻害してはならない。

i. フランジボルトの締付けは管中心に対して対称的位置を順次均等に締付けて，片締めにならないように注意する。締付力が指定されたときは，トルクレンチを使って締付ける。

j. 地下の埋設管工事では，埋め戻す前にテストを終え，機器の搬入前に工事を完成させる。

[II] 配管の施工

(4) 配管の現地製作と取付け

据付けられた機器に直接配管部品を取付けていく作業で，機器のノズル間を実測して配管の形，長さを求め，取付け位置に近い場所で素管を切断し管端を加工する。管と管継手を仮止めして組立管を作り，機器のノズルに取付け，全ラインを敷設してから機器のノズルに無理な荷重がかかっていないことを確認して仮止め部を本溶接する。この作業は現場製作が主体であるから新設工事では，ごくわずかに行われているにすぎないが，プラント・メンテナンスの作業では，主としてこの方法で施工している。

(5) ねじ込み配管

プラント配管では比較的小径管の配管にねじ込み接続が使われ，工場製作ならびに現場工事で施工している。管の切断は，図面の管中心長さから継手の長さを減じ，その長さにねじ込み長さを加えて管の切断長さを定め，丸鋸盤とか，砥石切断機を使って素管を切断する。

つぎに管ねじ切り盤を使って，その管端に管用テーパねじ(JIS B 0203)のおねじ(R)を加工する。なお管ねじ切り盤のパイプカッタで管を切断するときは，回転刃を押付けるので，管内径が縮小し，流体の流れが阻害されるから，リーマをかけて修正しなければならない。

組立ては，ねじ切り加工した管をパイプ万力に固定し，テフロン製のシールテープをねじ部に巻付けてから，ねじ込み式管継手をパイプレンチを使って一定の堅さにまで締付ける。このとき長さや方向を定めるために少しの増締めは許されるが，逆回しの締戻しは洩れの原因となるから行ってはならない。

締付けたあとの管側は，ねじ山を2〜3山程度残し，ねじ部にはさび止め塗装を行う。

こうして一端の取付口から順次，管を組立てていき，他端の固定したねじ込み口では，締め回しができないから，ユニオン継手とか，ねじ込み式フランジを使って接続する。しかし，ねじ込み接続では長さが正確にできないため，寸法調整が必要になり，微小の長さ調整にはシートパッキンの厚さを変えて締付けることもある。

(6) 硬質塩化ビニル配管

主に，水道配管とか，排水配管として使用し，接続には接着材を使い現場工事で施工する。

　ビニル管の切断は，図面の管中心長さから管継手の長さを減じ，その長さに水道用接合部，あるいは排水用受け口の差込み長さを加えた切断長さに，鋸を使って切断する。

　組立ては，ビニル管の先端と管継手の差込み部に接着材を適量塗布してから，力強く挿入する。管継手の差込み部にはテーパが付いているが，硬質塩化ビニルは接着材によって膨潤を起こすので，差込み長さ一杯まで挿入することができる。しかし，接着するまで力を入れていないと抜け出す恐れもある。また，呼び径75以上の場合は挿入機を使用する。

　接合後，はみ出した接着剤はふき取る。接着剤は給水とか，排水などの用途に応じたものを使用する。

16. ラインチェック

　現場取付けが終った配管を，全体配管図やP＆Iに基づいて，つぎの検査を行う。

（1）配管全般
a．各配管ラインの始点，終点と配管径路。
b．管，管継手類の材質，呼び圧力，管厚さ。
c．高圧側配管と低圧側配管の接続位置。
d．配管の水平，垂直，傾斜の仕上りと，曲りの方向，ならびに偏心レジューサの取付形状。
e．伸縮管継手の取付位置。コールドスプリングの施工状態。
f．管が熱膨張しても，隣接する管や架台に接触しない。
g．回転機械や機器の運転保守作業を行うとき，配管が邪魔にならない。
h．空気抜き弁，水抜き弁の取付け位置。
i．補強板の空気抜き口の施工確認。
j．追加，変更した配管の施工状態。

（2）フランジ
a．フランジの形式，呼び圧力，材質と取付け位置。
b．ボルトナットの形状，材質，長さ，締付け具合。
c．シートパッキンの材質，厚さ，シール剤の塗布。

d. リングガスケットの全周の接触状態。
（3）弁
a. 弁の形式，材質，呼び圧力と取付け位置。
b. ハンドルの操作状態。
c. 玉形弁，逆止弁，調節弁の取付け位置と，流体の流れ方向。
（4）支持装置
a. アンカー，ストップ，ガイドの取付け位置とその機能の確認。
b. スプリングハンガーの取付け位置。
c. パイプシューの取付け位置と移動状態の確認。
d. スプリングハンガー，コンスタントハンガー，ショックアブソーバの固定ピンの取付けを確認。
e. 支持装置の移動部分に仮止め溶接がない。
（5）計器
a. 各種計器の取付け位置。
b. オリフィス板の取付けと流体の流れ方向。
c. オリフィス計前後の直管の長さ。

17. 耐圧気密試験

配管のラインごとに行う試験で，原則としてポンプ，機器類とは分離して行う。耐圧試験では管内圧力による配管の変形，気密試験では管内流体のわずかな漏れを検査する。試験はつぎの内容で実施する。

（1）耐圧試験
a. 試験媒体は一般に清水を使う。凍結とか，水張りで過大な荷重が発生するなど，悪影響が起こるときは，空気，窒素，あるいは不活性ガスを使用する。
b. 機器類とか，計器類は取付けフランジ間に仕切板を入れて遮断する。
c. 仕切板の厚さはつぎの式で算出される計算厚さ t 以上とする。

$$t = d\sqrt{\frac{0.75P}{\sigma_a}}$$

ここで，

t：仕切板の計算厚さ[mm]
d：ガスケットの内径[mm]
P：試験圧力[MPa]
$σ_a$：試験温度における仕切板の許容引張応力[N/mm²]（表10）

d. 試験用圧力計は最大目盛が試験圧力の1.5～3.0倍で6カ月以内に検査した圧力計を1ラインに2個以上取付けて測定する。
e. 逆止弁のある所は，その上流側から圧力をかける。
f. 配管ラインの最高部にある弁を開き，空気を抜きながら水張りを行い，水漏れのないことを確認してから弁を閉めて徐々に昇圧する。
g. 試験圧力は配管設計基準書（ラインインデックス）に定めた圧力である。
h. 気圧試験の場合は，この試験圧力の50%まで徐々に昇圧してから漏れのないことを確認して，それ以後は10%ずつ段階的に昇圧する。
i. 試験圧力に30 min以上保持してから，配管ラインの各部で異常な変形がないことを確認する。
j. 試験が終了して水を抜くときは，管内が真空になるのを防ぐため，最高部の弁を開き，空気を入れながら徐々に排水する。
k. 耐圧試験のあとで，補修溶接をした場合は再度試験を行う。

（2） 気密試験
a. 気密試験は耐圧試験の完了後に実施する。
b. 試験媒体は空気か窒素，あるいは不活性ガスとする。
c. 仕切板，圧力計は耐圧試験と同じものを使用する。
d. 試験圧力は設計圧力の1.1倍とする。
e. 昇圧は気圧試験と同様に段階的に徐々に昇圧する。
f. 試験圧力に10 min以上保持してから，試験部に石けん水，または洗剤液を塗布して漏れ（発泡）のないことを確認する。

18. フラッシング

各配管ラインに流体を流して，プロセス流体が流通できることを確認すると同時に，管内に残留している異物を流し出して清掃

する。フラッシングに使う流体は，配管によってつぎのごとく使い分ける。
- a. 圧力水　　　　→液体配管
- b. 圧縮空気　　　→ガス配管，水が悪影響する管
- c. 蒸気　　　　　→蒸気配管
- d. 油循環　　　　→油配管
- e. ピグと圧縮気体→長距離配管

実施するためにつぎの作業を行う。
- (イ) 大容量の圧縮空気源を準備する。
- (ロ) 機器類を分離し，計器類は仕切板で遮断，弁，調節弁，伸縮管継手類は仮短管の取付けを確認する。
- (ハ) ポンプの試運転を兼ねるときは，その吸込口に仮りのストレーナを取り付ける。
- (ニ) 放出端の位置と放出流体の処理方法，あるいは消音対策などについて十分検討する。
- (ホ) 蒸気の場合は，管が熱膨張を起こすから事前に支持装置の機能を確認する。

19. 昇温昇圧試験

フラッシングが完了してから，試運転を行う前にプロセス流体を流して昇温昇圧の試験をつぎの内容で行う。
- a. 配管に取付けてある仮短管を外し，弁，調節弁，ならびに伸縮管継手を図面に基づいて正しく取付ける。
- b. 機器類や計器類を遮断した仕切板を取外す。
- c. フランジ部の締付けに使ったボルトナット，ならびにパッキング類はすべて正規のものに取替えて締付ける。
- d. スプリングハンガー，コンスタントハンガー，ショックアブソーバの固定ピンを外してその位置を調整する。
- e. 蒸気で昇温する場合は，大気放出弁，ドレン弁を開放して徐々に蒸気を送って規定温度に昇温してから弁を閉める。
- f. 低温配管では，管内を完全に乾燥させてから低温流体を徐々に送入して規定温度に降温させる。
- g. 昇圧は運転圧力の50%まで徐々に昇圧し，その後は10%ずつ段階的に昇圧する。

h. 新しく取付けた締付け部の漏れ検査と，温度変化で起こるボルトナットの緩みを増締めする。

i. 配管の伸び，縮みを調べ，異常な移動とか，振動が機器ノズルなどに起こっていないことを確認する。

j. 伸縮管継手，支持装置の作動状態を確認する。

表52 配管工事費積算項目

1. 材料費
(1) 管　　　　　　質量 Ton ×円/Ton
(2) 継　　手　　　数量　　　×円/個
(3) 弁　　　　　　数量　　　×円/個
(4) その他　　　数量　　　×単価
（スチーム・トラップ，ストレーナ，伸縮管継手，スプリングハンガー，ガスケット，ボルト・ナットなど）

2. 施工費
(1) 配管労務費　　作業工数　　×円/工数
(2) 溶接労務費　　作業工数　　×円/工数
(3) サポート製作費
a. 材料費　管 Ton ×材料 Ton /Ton×円/Ton
b. 労務費　材料 Ton ×工数/Ton×円/工数
(4) 消　耗　品
a. 溶接棒　管 Ton ×溶接棒 kg/Ton×円/kg
b. ガ　ス　管 Ton ×ガス m^3/Ton×円/m^3
（酸素，アセチレン，アルゴン，プロパン）
c. 砥　石　管 Ton ×砥石 枚/Ton×円/枚
d. その他　一式　×円/式
（電力，冷却水，焼付防止剤，シール剤，ウエス，梱包材 など）
(5) 建機工具使用料
a. クレーン　管 Ton ×台・日/Ton×円/台・日
b. 溶 接 機　溶接作業工数×台・日/工数×円/台・日
c. 圧 縮 機　配管作業工数×台・日/工数×円/台・日
d. 巻 上 機　 〃　〃 × 〃 × 〃
e. 管切断機　 〃　〃 × 〃 × 〃
f. その他　一式×円/式
（管ねじ切り盤，テストポンプ，溶接棒乾燥器 等）

198 [II] 配管の施工

k．蒸気トラップの作動状態を点検する。
l．温度計，圧力計の指示値を確認する。

20. 塗装断熱工事

昇温昇圧試験が終り，配管に漏りなどの異常がないことを確認

---

(6) 足場工事 　a．平面足場　　$m^2 \times$円$/m^2$ 　b．立体足場　　$m^3 \times$円$/m^3$ (7) 試験検査費 　a．材料費　　一式×円/式 　b．労務費　　作業工数×円/工数 　　（PT, RT, MT, UT, 外観, 耐圧気密, フラッシング, 昇温昇圧, 総合試運転） (8) 焼鈍費 　a．炉内加熱　焼鈍管 Ton ×円/Ton 　b．局部加熱　個所数　　×円/個所 (9) スプール図作製費　管 Ton ×図面枚/Ton×円/枚 (10) 安全対策費　　一式×円/式 　　（安全標識, 安全帽, 消火器, 命綱, 安全ネット, ガス検知器 等） (11) 官庁申請費　　一式×円/式 　　（ボイラー, 高圧ガス, 消防 等） (12) 運搬車費　　管 Ton ×台・日/Ton×円/台・日 　　（プレハブ管, 建機工具, 構内小運搬, ガソリン代 など） (13) 仮設建物費　　建物$m^2 \times$円$/m^2$ 　　（作業場, 倉庫, 事務所, 控室, 便所, 並びに電気, 水道設備） (14) 管理者費　　人数×作業月数×円/人・月 　　（工程, 技術, 検査, 溶接, 資材, 安全） (15) 現場経費　　一式×円/式 　　（事務員, 事務用品, 机, 椅子, 電話代, コピー代, 連絡車 など） (16) 宿泊費, 交通費　　人数×日数×円/人・日
3．設計費
4．諸経費（利益を含む）

してから仕様書に基づいて塗装，断熱の工事が施工される。

塗装は配管の防錆と美観を与えるために行うもので管の下地処理（錆落しのケレン作業）を行ってから，錆止め塗装を行い，乾いた後に仕上げ塗装を行う。

断熱工事は放熱，入熱を防止するために行うもので，錆止め塗装を行ったあと，配管設計基準書に定めた厚さの断熱材を取付ける。管と断熱材の膨張量が異なるからその差を吸収する方法とか，防水対策には十分注意して施工する。

21. 総合試運転

機器類と各配管ラインを含めた総合の試運転を行い，配管ラインを再度点検し，異常がなく，正常に機能していることを確認する。

22. 配管工事費の積算

積算項目は**表52**のごとく，材料費，施工費，設計費と，諸経費に大別できる。

（1）材料費

管，継手，弁などの費用で，配管工事費の約50%にもなる。管は種類（材質，厚さ）と呼び径によって，その単価（円/Ton）が異なる。弁は材料費の50%程度になるから，あまり高額になるときは，安価な弁を使用するための品質評価と，使用数量を少なくする再設計が必要になる。配管材料は一般に在庫品が少なく，受注生産であるから建設工期に間に合わせるために，配管経路の計画段階から見込み発注が行われ，図面が完成した時には発注数量の過不足を生ずることもある。

（2）施工費

配管の施工は，配管と溶接の各作業員による手動作業であるため，その労務費が施工費の約50%にもなっている。施工に必要となる作業工数は作業量と作業員の能力（工数/Ton，BM/工数，BD/工数）から算出するが，この能力は全ての作業員が同一ではなくて，その人の技量，経験ならびに作業意欲と作業場の人間関係等で異なるから，能力の目標値をつくってもその能力を持続して作業が完成できるという保証はない。さらに作業条件の良い工

場（Shop）と悪い現場（Field），機器廻り配管とラック配管，地上配管と高所配管ならびに配管の種類，火気使用制限，作業空間等によっても能力は異なってくる。

このように能力には，一般的な標準値がないために各作業員の過去の実績能力値を使って算出している。

しかし，この能力を充分発揮して，作業を円滑に進め，無駄な費用を極力少なくするには，工事に精通した現場監督者の効率的な作業計画と，事前の段取りが欠くことのできない条件である。

消耗品は溶接棒とガス類の費用が主体をなしている。溶接棒の使用質量は管質量の約2%程度になる。電力，冷却水は現場工事の場合には一般に支給されている。

建機工具使用料の単価（円/台・日）はリース代で，各建機の補修費に償却費と経費である。

（3） 設計費

作業系統図（P & I）から配管施工図（親図）までを作成するときの材料費と労務費，ならびに経費である。配管はプロセス機器からの影響を直接受けるために，施工に入ってからでも配管の設計変更とか，追加工事が起りやすく，施工図面の完成が遅れることは通例にもなっている。

（4） 諸経費

配管施工会社の一般管理費，営業費と利益などである。

こうして積算した配管工事費でも図面の完成や材料の受入れが遅れたり，悪天候のために作業が制限されると，予定した費用では工事ができないことになる。

また，配管工事の目標が品質の向上と納期の厳守にあるから，季節によっては風雨対策費が必要になり，割増し賃金の休日作業や時間外作業も必要になる。

このように労働集約型で，天候にも支配される配管工事は，積算できない多くのリスクを含み，失敗の危険をつねに抱えている事業といえよう。

参考文献

1) JISハンドブック，配管，日本規格協会
2) JISハンドブック，圧力容器・ボイラ，日本規格協会

3) 化学工学会,配管,丸善
4) 化学工学会,化学装置便覧,丸善
5) 大村朔平,星 協一,化学プラント設計の基礎,東京化学同人
6) 竹下逸夫,化学プラント配管工事の変遷

付　録

1. 国際単位系 SI (Le Système International d'Unités)

(1) SI 基本単位

量	名　称	記　号
長　　さ	メートル	m
質　　量	キログラム	kg
時　　間	秒	s
電　　流	アンペア	A
熱力学温度	ケルビン	K
物　質　量	モル	mol
光　　度	カンデラ	cd

(2) SI 補助単位

量	名　称	記　号
平　面　角	ラジアン	rad
立　体　角	ステラジアン	sr

(3) SI 接頭語

倍　数	接 頭 語	記　号	倍　数	接 頭 語	記　号
10^{18}	エ ク サ	E	10^{-1}	デ　シ	d
10^{15}	ペ　　タ	P	10^{-2}	セ ン チ	c
10^{12}	テ　　ラ	T	10^{-3}	ミ　リ	m
10^{9}	ギ　　ガ	G	10^{-6}	マイクロ	μ
10^{6}	メ　　ガ	M	10^{-9}	ナ　ノ	n
10^{3}	キ　　ロ	k	10^{-12}	ピ　コ	p
10^{2}	ヘ ク ト	h	10^{-15}	フェムト	f
10^{1}	デ　　カ	da	10^{-18}	ア　ト	a

（4） SI単位への換算

量	従来単位	SI単位	
長　さ	1 in 1 ft 1 yd	0.0254 0.3048 0.9144	m m m
体　積	1 l 1 ft^3 1 US Gallon	0.001 2.832×10^{-2} 3.785×10^{-3}	m^3 m^3 m^3
質　量	1 ton 1 lb 1 US ton	1000 0.4536 907.2	kg kg kg
密　度	1 kg/l 1 lb/ft^3	1000 16.02	kg/m^3 kg/m^3
力	1 dyn 1 kgf 1 lbf	1×10^{-5} 9.80665 4.448	kg・m/s^2=N N N
圧　力	1 bar 1 atm 1 kgf/cm^2 1 lbf/in^2 1 mmHg	1×10^5 101325 98066.5 6895 133.3	N/m^2=Pa Pa Pa Pa Pa
粘　度	1 poise 1 C. P 1 lb/ft・s	0.1 0.001 1.488	N・S/m^2=Pa・s Pa・s Pa・s
仕　事 エネルギー 熱	1 erg 1 cal$_{th}$ 1 Btu$_{th}$ 1 cal$_{IT}$ 1 Btu$_{IT}$ 1 kgf・m 1 kWh	1×10^{-7} 4.184 1054 4.1868 1055 9.80665 3.6×10^6	N・m=J J J J J J J

仕事率	1 kgf・m/s	9.80665	J/S=W
	1 HP	745.7	W
	1 PS	735.5	W
比熱容量 (C_p)	1 cal$_{th}$・g^{-1}・°C^{-1}	4.184	kJ/kg・K
	1 Btu$_{th}$・lb^{-1}・°F^{-1}	4.184	kJ/kg・K
	1 cal$_{IT}$・g^{-1}・°C^{-1}	4.1868	kJ/kg・K
	1 Btu$_{IT}$・lb^{-1}・°F^{-1}	4.1868	kJ/kg・K
熱伝導率 (λ)	1cal$_{th}$・(cm・s・°C)$^{-1}$	4.184	W/m・K
	1kcal$_{IT}$・(m・hr・°C)$^{-1}$	1.163	W/m・K
	1Btu$_{IT}$・(ft・hr・°F)$^{-1}$	1.731	W/m・K
伝熱係数 (h, U)	1cal$_{th}$・(cm^2・s・°C)$^{-1}$	4.184	W/m^2・K
	1kcal$_{IT}$・(m^2・hr・°C)$^{-1}$	1.163	W/m^2・K
	1Btu$_{IT}$・(ft^2・hr・°F)$^{-1}$	5.678	W/m^2・K
温度	α°C	$\alpha+273.15$	K
	α°F	$(\alpha-32)\div1.8+273.15$	K

注) 添字 th：熱化学，IT：国際蒸気表

2. 飽和水蒸気表 (温度基準)

温度〔℃〕	飽和圧力〔MPa〕	〔mmHg〕	比エンタルピー〔kJ/kg〕 h'(液)	h''(蒸気)	$h''-h'$
0	6.108×10^{-4}	4.6	-0.042	2501.6	2501.6
0.01	6.112	4.6	0.001	2501.6	2501.6
10	1.227×10^{-3}	9.2	42.0	2519.9	2477.9
20	2.337	17.5	83.9	2538.2	2454.3
30	4.242	31.8	125.7	2556.4	2430.7
40	7.375	55.3	167.5	2574.4	2406.9
50	1.234×10^{-2}	92.5	209.3	2592.2	2382.9
60	1.992	149.4	251.1	2609.7	2358.6
70	3.116	233.7	292.9	2626.9	2334.0
80	4.736	355.2	334.9	2643.7	2308.8
90	7.011	525.9	376.9	2660.1	2283.2
100	1.013×10^{-1}	760.0	419.1	2676.0	2256.9
110	1.433	1074.6	461.3	2691.3	2230.0
120	1.985	1489.2	503.7	2705.9	2202.2
130	2.701	—	546.3	2719.9	2173.6
140	3.614	—	589.1	2733.1	2144.0
150	4.760	—	632.1	2745.3	2113.2
160	6.181	—	675.4	2756.7	2081.3
170	7.920	—	719.1	2767.0	2047.9
180	1.003×10^{0}	—	763.1	2776.2	2013.1
190	1.255	—	807.5	2784.2	1976.7
200	1.555	—	852.3	2790.9	1938.6
210	1.908	—	897.7	2796.2	1898.5
220	2.320	—	943.7	2799.9	1856.2
230	2.798	—	990.3	2802.0	1811.7
240	3.348	—	1037.6	2802.2	1764.6
250	3.978	—	1085.7	2800.4	1714.7
260	4.694	—	1134.9	2796.4	1661.5
270	5.506	—	1185.2	2789.8	1604.6
280	6.420	—	1236.8	2780.4	1543.6
290	7.446	—	1290.0	2767.6	1477.6
300	8.593	—	1345.0	2751.0	1406.0

310	9.870	—	1402.4	2730.0	1327.6
320	1.129×10^1	—	1462.6	2703.7	1241.1
330	1.286	—	1526.5	2670.1	1143.6
340	1.461	—	1595.5	2626.2	1030.7
350	1.654	—	1672.0	2567.7	895.7
360	1.868	—	1764.2	2485.5	721.3
370	2.105	—	1890.2	2342.8	452.6

3. 水の物性値 (1 atm)

温度 t [°C]	密度 ρ [kg/m³]	粘度 η [mPa·s]	定圧比熱 C_p [J/kg·K]	熱伝導率 λ [mW/m·K]
0	999.8	1.792	4217	562.0
10	999.7	1.307	4192	581.9
20	998.2	1.002	4182	599.6
30	995.6	0.797	4178	615.1
40	992.2	0.653	4178	628.6
50	988.0	0.547	4180	640.5
60	983.2	0.467	4184	650.8
70	977.8	0.404	4189	659.5
80	971.8	0.355	4196	666.8
90	965.3	0.315	4205	672.8
100	958.4	0.282	4216	677.5

4. 空気の物性値 (1 atm)

温度 t [°C]	密度 ρ [kg/m³]	粘度 η [μPa·s]	定圧比熱 C_p [J/kg·K]	熱伝導率 λ [mW/m·K]
0	1.293	17.24	1006	24.21
10	1.247	17.73	1007	24.96
20	1.205	18.21	1007	25.71
30	1.165	18.68	1008	26.45
40	1.128	19.15	1008	27.19
50	1.093	19.61	1009	27.92
60	1.060	20.06	1009	28.64
70	1.029	20.50	1010	29.35
80	1.000	20.94	1010	30.05
90	0.972	21.37	1011	30.75
100	0.946	21.80	1012	31.44
120	0.898	22.63	1014	32.80
140	0.854	23.44	1017	34.14
160	0.815	24.23	1020	35.46

5. 耐食材料

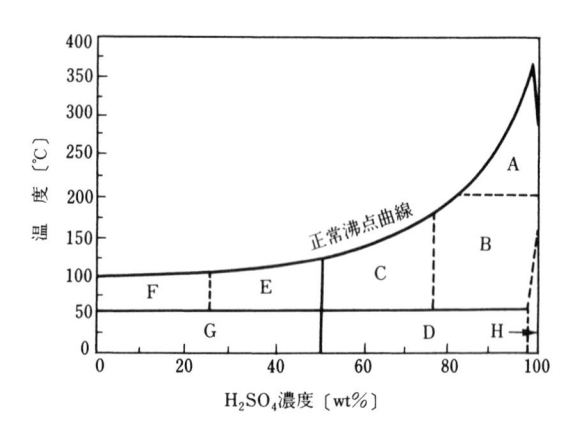

図1 硫酸耐食材 (Swandby, 1962)

A: 金, Si鉄, ガラス
B: Si鉄, Ta, 金, 白金, ハステロイD(<170°),
   28Cr-55Ni-9Mo-6Cu(<90°), ガラス
C: Si鉄, ハステロイB,C(<90°), D(<90°), イリウ
   ムG, 28Cr-55 Ni-9 Mo-6 Cu, 鉛
D: 20合金, 黒鉛(<90°), Penton(<25°), フェノー
   ル樹脂(<70%), サラン(85%), その他B, Cを含む
E: ハステロイB, D, 鉛, Mo, ガラス, フェノール樹
   脂, Penton, イリウムG, 28Cr-55 Ni-9 Mo-6 Cu, Si鉄
F: 10% Al青銅, 20合金, Nl-O-nel, イリウムG,
   銅とモネル(空気なし), 黒鉛, ガラス, フェノール
   樹脂, ゴム(<75°), ハステロイB, C.D.
G: E, Fのほかに, 18-8 (通気), 70Cu-30Ni ポリエ
   ステル, 塩化ビニル, ポリエチレン, エポキシ, フ
   ラン樹脂, サラン, ポリプロピレン
H: 炭素鋼18-8, 20合金

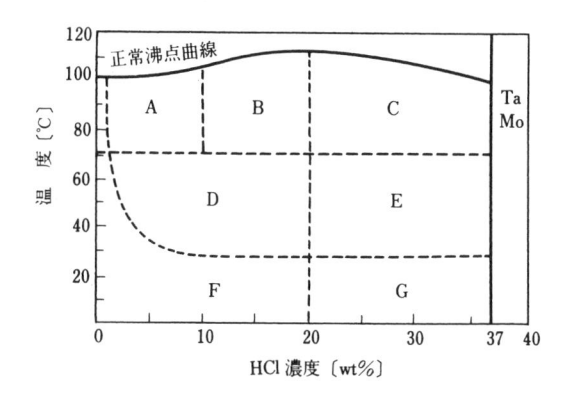

A：Chlorimet2, ハステロイB, Si鉄*, 硬鉛, 黒鉛, ガラス, Penton, ポリエステル, Ag (<5%), フランレジン

B：ハステロイB, Si鉄*, 硬鉛 (<100°), 化学用鉛 (<80°), 黒鉛, ガラス, Penton

C：ハステロイB, Si鉄*, 化学用鉛 (<80°), 黒鉛, ガラス, フランレジン (<100°), Penton, ポリエステル (<100°)

D：AとBのほかに, ハステロイC (>5%<50°), Ag, モネル (<5%, 通気せず), Hg, 青銅 (通気せず), 鉛, 塩化ビニル, ゴム, ポリエステル

E：Cのほかにゴム, サラン (<50°), 塩化ビニル (<55°)

F：AとBとDのほかに, Ni (通気なし), 20合金 (10%, <80°), ポリエチレン, エポキシ, フランレジン, ハステロイF, D (<65°), 銅合金 (通気なし), ニレジスト

G：C, Eのほかに, ハステロイC, F, Ag, Si青銅 (通気せず), ポリエチレン (<60°), エポキシ, ポリエステル, Ti (酸化剤を含む時耐える)

  * Mo入りの高ケイ素鉄

Au, Pt, Taは全条件, Zrは0〜30%, <190℃, Mo, Wは全濃度, <140℃に耐える. *印はMo入りの高ケイ素鉄.

図2 塩酸耐食材

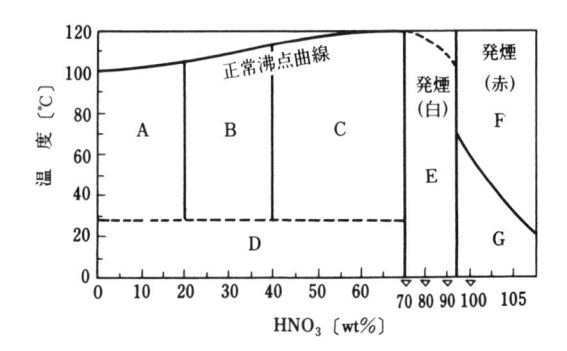

A：ステンレス鋼 (13Cr は<70°), そのほかB材料
B：ステンレス鋼 (13Cr 除く. 17Cr は<90°), 20合金, Si 鉄, Ti, Zr (<190°), W (<190°), ハステロイF, ハステロイC (<65°), 21-40-3Mo, ガラス, フッ素樹脂
C：25-12, 25-20, 18-8, 18-10, 27Cr (<90°), 17Cr (<80°), 20合金 (<80°), Ti, Zr (<190°), W (<190°), ハステロイF, 21-40-3Mo, ガラス, フッ素樹脂, Si鉄
D：ステンレス鋼 (12Cr含む), インコネル (<3%, >20%), エポキシ (<5%), サラン, Penton (<25%) ポリエチレン (<50%, <10°), 塩ビ.
E：発煙 (白), 18-8, 18-10, 23-13, 25-20など (<70°), 17Cr, 23Crなど, (<50°), 20合金 (<70°), Si鉄, Ti, Zr, W, Al*ガラス, フッ素樹脂
F：発煙 (赤), Si鉄 (沸点)
G：ステンレス鋼 (12Cr除く) (<30°), 20合金, Si鉄, Al, 軟鋼, Ti (応力腐食), ガラス, フッ素樹脂
 *Al (<RT, 70~80%; <60°, 80~95%; 沸点で95~100%), 溶接部侵される.

図3 硝酸耐食材 (Swandby, 1962)

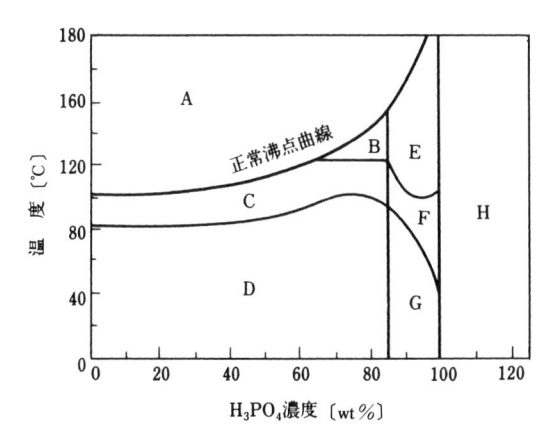

A：Ta, Mo, W（＜85％, ＜190°）, Zr（＜50％, ＜190°）
B：ハステロイB*, C, 20合金, Si鉄*, 21-40-2Mo, セラミック, ガラス, 黒鉛
C：A, Bのほかに, フェノール, 石綿, ポリエステル（＜65％）, エポキシ, Penton, 18-12Mo*, 鉛
D：Bのほかに, モネルと銅（通気なし）, ゴム（＜65°）, 塩化ビニル（＜65°）, ポリエチレン（＜60°）, サラン（＜25°）
E：Si鉄*, ガラス, セラミック
F：B, Eのほかに18-12Mo*, ポリエステル
G：Bのほかに, 銅（通気なし）, モネル（通気なし）, ゴムと塩化ビニル（＜30°）, 18-12Mo*
H：ハステロイB*（＜205°）, 20合金, 23-52-4Mo, 18-12Mo*, モネル（通気せず）, ガラス, セラミック
＊印はフッ素化合物の存在で侵される

図4 リン酸耐食材

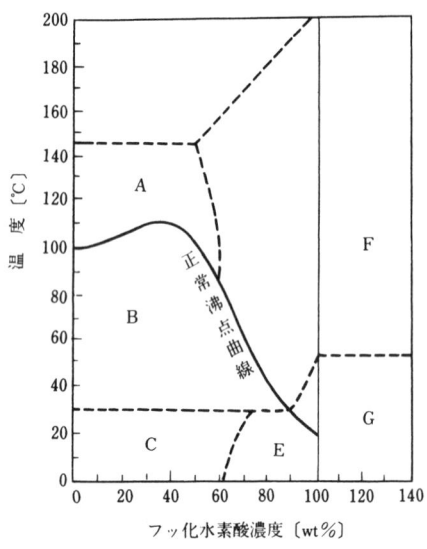

A：Ag[3]，モネル（通気せず），銅（通気せず），Ni（<50%，通気せず），Mo，W

B：Ag[3]，モネル（通気なし），銅（通気なし），Ni（<50%，通気なし），鉛（<60%）[1]，黒鉛，塩化ビニル（<50%，<55°），ゴム（<60%，<65°），Penton，ハイパロン（<50%，<65°）

C：Bのほかに20合金（<50%），ハイテロイB，C，ニレジスト（<20%），ポリエチレン，サラン，インコネル（<40%）

D：モネル（通気せず）[2]，W，Mo

E：Ag，モネル（通気せず）[2]，銅[2]，Ni（>90%濃度），Mg，軟鋼，ハステロイB，黒鉛

F：無水HF（>露点），Mo，モネル（通気せず，低流速），ハステロイC

G：Ag[3]，モネル（通気せず），軟鋼，銅[2,3]，Mg，18-8[1]，ハステロイC，黒鉛

1) 室温以上では注意
2) 80%濃度を越えれば流速に敏感
3) 工場の粗酸に不適，Zn<17%の黄銅，

図5 フッ化水素酸耐食材

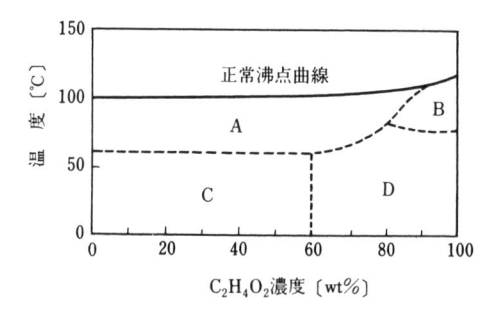

A：18-8，18-12Mo，20合金，ハステロイB, C, D, F，21-40MoCu，Ta，Ti，ガラス，黒鉛

B：Ta(<175°)，18-12Mo，20合金，ハステロイC，F，ガラス，黒鉛

C：Aのほかに，Cu合金，Ni，モネル，Al (<55°)，プラスチック類，ゴム

D：18-8，18-12Mo，20合金，ハステロイB, C, D, F，21-40MoCu，Cu合金 (<40°)，モネル，Al (<50°)，黒鉛，Penton，フランレジン，Haveg，サラン

図6 酢酸耐食材

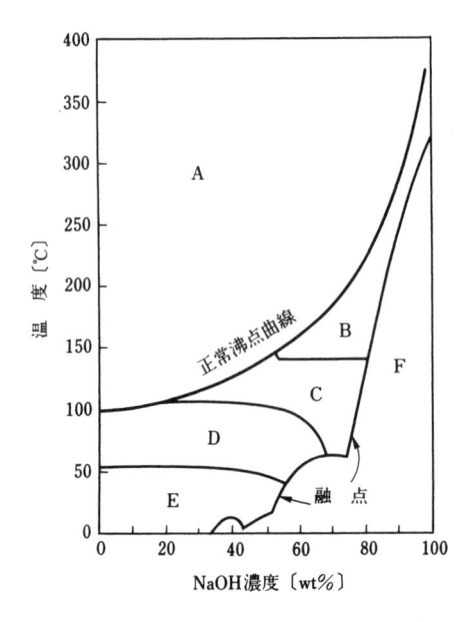

A：1. 一般にニッケルが最適であるがイオウ化合物を含むときは侵される
   2. Zr は Ni と Ag につぐ
   3. アンモニアガスおよび液には，鋼（残留応力除去），Ni-Mo 合金類，プラスチック類，フッ素樹脂（<200°）
B：Ni，銀，鋳鉄
C：Ni，インコネル，ハステロイ，Ti, Zr, Ni,モネル，70Ni-30Cu，18-8は50%，<75°でA級
D：Ni，モネル，ハステロイ類，ステンレス鋼，Zr，フランレジン，ネオプレン
E：鋼，鋳鉄，ステンレス鋼，Ni，銅合金，モネル，プラスチック類
F：銀，鋼，Ni，ステンレス鋼全部，20合金

図7 水酸化ナトリウム耐食材

表8 耐食度の評価

格付け		重量損失[a]		侵食深さ[b]	強さの低下[c]	伸び率低下[d]
R	U	[mdd]	[g/m³ day]	[mm/yr]	[kg/mm² · yr]	[%]
優	(A級)	0〜5 (0〜10)	0〜0.5 (0〜1)	<0.05 (0〜0.125)	0 —	0〜5 —
良		5〜10	0.5〜1	0.05〜0.1	5	5〜10
可	(B級)	(10〜100) 10〜50	(1〜10) 1〜5	(0.125〜1.25) 0.1〜0.5	— 5〜10	— 10〜20
否	(C級)	>100 (>100)	>10 (>10)	>10 (>1.25)	>20 —	>50 —

注: R は Rausch, U は Uhing の略。mdd＝mg/dm² · day。
a) 均一腐食の時、腐食生成物を除いて測る。b) 局部食の最大深さ、孔食や局部食の目安になる。c) 実質部の劣化を判定する。選択的腐食、疲労腐食。d) ぜい弱化を判定する。

著 者 略 歴

竹下　逸夫（たけした・いつお）
　1941 年　横浜高等工業学校機械科卒業
　1941 年　第一海軍燃料廠に入廠
　1972 年　紫綬褒章受賞，日揮工事(株)会長，(株)横浜化工機会長
　1998 年 1 月 21 日　没

大野　光之（おおの・みつゆき）
　1953 年　東京教育大学農業化学科卒業
　1953 年　(株)入江鉄工所入社（設計）
　1956 年　帝人(株)入社（保全，設計，研究）
　1978 年　日揮工事(株)入社（研究）
　1990 年　大野技術士事務所設立
　　　　　現在に至る

編集担当　大橋貞夫，小林巧次郎(森北出版)
編集責任　石田昇司(森北出版)

配管設計・施工ポケットブック新装版　Ⓒ竹下逸夫・大野光之　2013

2013 年 7 月 25 日　新装版第 1 刷発行　【本書の無断転載を禁ず】
2024 年 10 月 31 日　新装版第 6 刷発行

著　　者　竹下逸夫・大野光之
発 行 者　森北博巳
発 行 所　森北出版株式会社
　　　　　東京都千代田区富士見 1-4-11（〒 102-0071）
　　　　　電話 03-3265-8341／FAX 03-3264-8709
　　　　　https://www.morikita.co.jp/
　　　　　日本書籍出版協会・自然科学書協会　会員
　　　　　JCOPY <(一社)出版者著作権管理機構 委託出版物>

落丁・乱丁本はお取替えいたします．　　　　　印刷製本／藤原印刷

Printed in Japan／ISBN978-4-627-67002-0